螺杆泵采油系统
转速优化及试验技术

吕晓仁　王世杰　何振歧　编著

北京

冶金工业出版社

2014

内 容 简 介

本书总结了近年来有关螺杆泵转速优化的理论研究成果。主要内容包括：单螺杆泵理论基础；螺杆泵定子橡胶及其磨损；采油螺杆泵转速影响因素；螺杆泵转速优化模型构建及预测；螺杆泵转速优化系统开发；螺杆泵转速优化试验平台构建；螺杆泵转速优化试验测试等。

本书可供从事采油工程、石油机械设计制造技术人员阅读，也可供大专院校相关专业的师生参考。

图书在版编目（CIP）数据

螺杆泵采油系统转速优化及试验技术/吕晓仁，王世杰，何振歧编著 . —北京：冶金工业出版社，2014.1
ISBN 978-7-5024-6453-0

Ⅰ.①螺… Ⅱ.①吕… ②王… ③何… Ⅲ.①螺杆泵—机械采油
—转速—最佳化—研究 Ⅳ.①TE355.5

中国版本图书馆 CIP 数据核字（2014）第 008728 号

出 版 人 谭学余
地 址 北京北河沿大街嵩祝院北巷 39 号，邮编 100009
电 话 (010)64027926 电子信箱 yjcbs@cnmip.com.cn
责任编辑 郭冬艳 美术编辑 杨 帆 版式设计 杨 帆
责任校对 禹 蕊 责任印制 牛晓波
ISBN 978-7-5024-6453-0

冶金工业出版社出版发行；各地新华书店经销；北京慧美印刷有限公司印刷
2014 年 1 月第 1 版，2014 年 1 月第 1 次印刷
169mm×239mm；14 印张；272 千字；212 页
38.00 元

冶金工业出版社投稿电话：(010)64027932 投稿信箱：tougao@cnmip.com.cn
冶金工业出版社发行部 电话：(010)64044283 传真：(010)64027893
冶金书店 地址：北京东四西大街 46 号(100010) 电话：(010)65289081(兼传真)
（本书如有印装质量问题，本社发行部负责退换）

前　言

螺杆泵采油是一种新型的人工举升方式,具有结构简单、高效节能、机组占地面积小等特点,尤其适于高黏度、高含砂量、高油气(水)比原油的开采,已经在国内外的油田生产中普遍使用。在螺杆泵采油过程中,转速的选择十分重要,直接影响到泵的效率和使用寿命。如果转速选择不合理,将引发油井抽空"烧泵"、泵效下降以及使用寿命缩短等诸多问题。目前,国内外虽已有研究人员采用建立最佳转速模型的方法来选择合理的转速,但缺点是没有考虑泵的结构参数和油井工况的耦合影响,而且所建立的模型收敛速度慢、精度低;没有对转速的智能控制问题进行深入研究,泵效的提高及寿命的延长效果不明显。

为此,本书在查阅大量国内外资料的基础上,对螺杆泵采油技术、单螺杆泵理论基础、螺杆泵定子橡胶及其磨损、采油螺杆泵转速影响因素的研究现状进行了综合评述和分析。论述了螺杆泵的转速受定子橡胶本身、油井的工况、泵的效率、定子橡胶的磨蚀和泵的结构参数等多种因素的影响,是一个非线性的问题,并提出了基于人工神经网络技术建立螺杆泵转速优化模型的思路。选取原油温度、原油黏度、螺杆泵泵端压差和螺杆泵定子橡胶磨损量作为输入量,以螺杆泵转速作为输出量的人工神经网络模型并预测优化后续转速。为实现螺杆泵转速的实时控制,介绍了自行开发的螺杆泵转速优化系统,详细说明软硬件开发环境、软件中内含的算法以及基于此平台对螺杆泵转速及其影响因素的测量和实时调控等操作过程。同时为了验证螺杆泵转速优化模型的有效性,对转速优化问题进行了深入研究,本书还介绍了自行设计、研制的能够模拟实际油井工况的螺杆泵转速优化结果检验平台。该实验平台以环-块式摩擦磨损试验机为主体,结合所开发的螺杆泵转速优化系统,能够完成螺杆泵转速优化模型实效性的验证以及不同控制方式实效性的试验研究。

　　本书由沈阳工业大学机械学院吕晓仁、王世杰和中海石油炼化有限责任公司何振歧等联合编著。王世杰编写第 1 章和第 2 章，吕晓仁编写第 3 章和第 4 章，罗旋编写第 5 章和第 6 章，何振歧编写本书的第 7 章和第 8 章。王雷、何恩球、聂瑞等进行了部分章节的整理工作。本书得到了国家自然科学基金、辽宁省自然科学基金、辽宁省教育厅重大科技项目基金和沈阳市科技局科技攻关项目等资助项目的资金支持，感谢有关部门对螺杆泵采油技术研究的全力支持。

　　通过阅读本书，从事采油工程的广大科技人员、石油机械设计制造技术人员以及一线设备安装、调试、管理和控制人员可从不同角度了解、掌握螺杆泵转速优化技术。本书有助于解决实际应用中的技术问题，同时也可供大专院校相关专业的师生参考。

　　在本书的编写过程中，为了保证内容更加前沿、新颖，作者参考了大量的相关著作和论文，在此谨向文献作者表示感谢，并对向本书提出宝贵意见的同志表示衷心感谢。

　　鉴于近年来螺杆泵转速优化设计的理论和方法非常广泛，发展极其迅速，又限于作者的理论水平和实践经验的局限性，书中疏忽、遗漏和不足之处在所难免，恳请读者批评指正。

作　者

2013 年 12 月

目　录

1 概　　论

1.1 引言

螺杆泵（Progressing Cavity Pump，简称 PC 泵），是 1930 年由法国科学家勒内·穆瓦诺（Rene Moineau）发明的。他的初始想法是设计一种旋转压缩机，在设计过程中创造出这种旋转机械，通过其转子与定子的相对运动产生一系列进动式型腔，改变流体压力，因此称它为进动式压缩机或型腔泵。

1930 年 5 月穆瓦诺原理获得专利权后不久，便有法国的 PCM 泵业公司、英国 Moyno 泵业有限责任公司以及美国 Kois & Myers 公司生产出螺杆泵。随后几年内，其他一些小公司也很快制造出基于穆瓦诺原理的其他副产品。待穆瓦诺申请专利后，穆瓦诺原理在许多领域里都得到了广泛应用，如化学、煤炭、机械制造、造纸、纺织、烟草、污水处理等，在涉及固态或黏稠液态物料输送的行业内发挥着重要的作用。螺杆泵作为地面传输泵使用的历史已超过 50 年了[1~5]。

20 世纪 50 年代中期，在马达设计中开始应用穆瓦诺原理，这就是螺杆泵功能的逆向使用，液体在压力作用下强行通过螺杆泵时，将迫使螺杆泵转子转动。这项技术应用于钻井工业中，用钻井泥浆或其他流体驱动螺杆泵转子，就形成了钻井机械的原动机，即成为马达。

20 世纪 50 年代末期，螺杆泵在石油工业中开始被用作人工举升设备。Kois&Myers 公司是首批采油螺杆泵制造商，并成功地把螺杆泵作为一种新型的人工举升设备推向市场，从此螺杆泵在石油工业中得到了广泛的应用。目前，国际上几十个国家，特别是经济发达国家，都有螺杆泵制造厂，其中比较著名的生产厂家有 PCM、Schlumberger、Weatherford、Barker - Hughes、Corod 和 NETZSCH 等。

1984 年天津工业泵厂率先引进德国 Allweiler 公司的制造技术和英国 Holroyd 公司的 2AC 螺杆铣床和配套设备，从此我国开始批量生产螺杆。经过近 30 年的发展，我国已有螺杆泵专业厂近 30 家，主要厂家有天津市工业泵厂、北京石油机械厂、胜利高原石油装备公司、西安远东机械制造公司曲杆泵厂、上海轻工机械技术研究所、中成机械制造有限公司等[6]。

通过企事业单位和大专院校科研人员的努力，目前我国螺杆泵的许多技术难关均已被攻破，制定了相关技术规范，每年都有一些新工艺技术进入应用领域，螺杆泵的产品质量已达到或接近国外先进水平。例如沈阳工业大学提出的螺杆无瞬心包络铣削技术及其研制的数控铣削加工设备打破了国际垄断，开发出的螺杆泵采油系统已成功投入生产运行中[1]。

1.2 螺杆泵采油系统概述

1.2.1 螺杆泵采油系统组成

螺杆泵采油系统由动力系统、传动系统、执行系统、控制系统以及配套工具等部分组成。

（1）动力系统包括电机、动力电缆和变压器等。动力电缆将三相电传递给电机，而其中的零线又起到井下温度压力传感器的信号传输作用。

（2）传动系统包括齿轮减速器、保护器、联轴体，内含轴承、密封、压紧弹簧等关键部件。

（3）执行系统即螺杆泵，由金属转子和橡胶定子组成。转子在定子中旋转时，两者之间形成动态密封腔室，将原油从泵的吸入端推进到输出端并举升至地面。

（4）控制系统包括上位机（计算机）、下位机（PLC）、变频器、井下温度传感器和压力传感器等。

（5）配套工具包括油管、接箍、卸油阀、单向阀、电缆卡子、封隔器、泵与套管锚定装置、防脱工具等。

1.2.2 螺杆泵分类

螺杆泵按照螺杆的头数来分，可分为单头（或单线）螺杆泵和多头（或多线）螺杆泵[7]。目前所应用的螺杆泵线数均采用 $N/N+1$ 形式，即定子的线数总是比转子的线数多一线，这主要是由空间啮合理论决定的。图 1-1 所示的是几种不同线数的螺杆泵定、转子横截面图。

螺杆泵按螺杆的个数来分，可分为单螺杆、双螺杆、三螺杆和五螺杆等；按螺杆螺距可分为长、中、短螺距三种，见图 1-2；按其结构形式可分为卧式、立式、法兰式和侧挂式螺杆泵等。

按驱动形式，可分为地面驱动螺杆泵（图 1-3）和潜油螺杆泵（图 1-4）两类。地面驱动螺杆泵，螺杆泵的定、转子分别接在油管和抽油杆的末端，定子与油管相接，转子与抽油杆相接，通过地面驱动装置使抽油杆带动转子旋转[8,9]。潜油螺杆泵，则是一种电机倒置于井下，通过减速器直接带动螺杆泵转

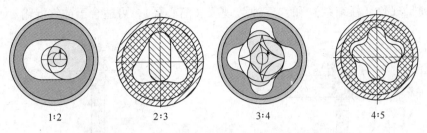

1:2   2:3   3:4   4:5

图 1-1 几种不同线数的螺杆泵定、转子横截面图

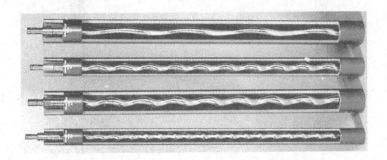

图 1-2 螺距不同的螺杆

子旋转的石油人工举升技术。它结合了地面驱动螺杆泵和电潜泵的特点，可以避免管杆偏磨导致的断杆或管漏等故障[10,11]。

1.2.3 螺杆泵采油系统主要特点

螺杆泵采油系统与抽油机、潜油电泵和水力活塞泵等相比，具有如下特点[12]：

（1）一次性投资少。螺杆泵的结构简单，而且相比于电动潜油泵、水力活塞泵和游梁式（链条式）抽油机，它的价格较低，所以节省一次性投资。文献中记载，装设一台抽油机（含安装费）一次性总投资要 31.05 万元，而组装一套潜油螺杆泵采油系统机组一次性总投资仅 23.5 万元。

（2）节能高效。与游梁式抽油机相比，螺杆泵不存在液柱和机械传动的惯性损失，沿轴向流动连续且流速稳定。在现有的机械采油设备中，螺杆泵是能耗最小、效率较高的机种之一，最高的容积效率可达 90%。

（3）适用于稠油开采。螺杆泵适应开采原油的黏度范围较广，一般来说，原油黏度为 8000mPa·s、温度为 50℃ 以下的大多数稠油井均可开采。

（4）适应高含砂、高含气井。螺杆泵理论上可输送含砂量达 80% 的砂浆，但实际上在原油含砂量达到 40% 的情况下已不能正常生产。螺杆泵不会产生

"气锁"现象（柱塞泵）和"气蚀"现象（离心泵），可适合于油气混输。

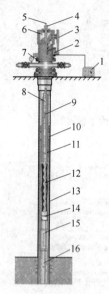 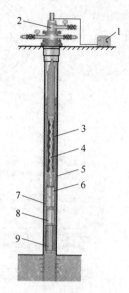

图1-3 地面驱动螺杆泵
采油系统示意图

1—电控箱；2—电机；3—皮带；4—方卡子；
5—光杆；6—减速箱；7—专用井口；8—抽油杆；
9—抽油杆扶正器；10—油管扶正器；
11—油管；12—螺杆泵；13—套管；
14—定位销；15—防脱装置；16—筛管

图1-4 潜油螺杆泵
采油系统示意图

1—电控箱；2—专用井口；3—油管；
4—螺杆泵；5—套管；6—筛管；
7—电缆；8—保护器；9—电机

（5）安装方便且占地面积小。螺杆泵的地面装置结构简单，可以直接连接在井口套管上，所以安装方便。与抽油机相比除占据原井口之外，几乎不另占面积。

（6）适应于海上油田丛式井组和水平井。由于螺杆泵可用于斜井和直井的开采，且占地面积小，因此适合海上油田丛式井组甚至水平井。

（7）允许井口有较高回压。在保证正常抽油生产的情况下，井口回压可以控制在1.5MPa以内或更高，因此对边远井集输很有利。

1.3 螺杆泵采油系统研制与应用现状

1.3.1 地面驱动螺杆泵采油系统研制现状[2]

1.3.1.1 RODEMIP地面驱动螺杆泵采油系统

法国PCM/IEP联合公司生产的RODEMIP地面驱动螺杆泵采油系统，有两种传动形式：胶带传动螺杆泵和直接传动螺杆泵采油系统。

（1）结构设计特点：采用合成橡胶制造定子，连接在油管下面；采用高强度材料制造转子，转子表面经过镀硬铬层处理，连接在抽油杆的下面，并由抽油杆驱动旋转，实现抽油功能；地面驱动系统有固定转速和可变转速两种驱动，可供用户自由选择。

（2）抽油性能：转子在 500r/min 条件下工作，排量达 240m³/d；总扬程可达 2000m（$2 \times 10^7 Pa$）。

（3）适用于抽汲的石油：从轻析油到最稠的石油；从 100% 油到 100% 水；含砂石油。

与常规游梁抽油机相比，螺杆泵采油系统具有以下优点：使用范围广，适用于稠油、含气油、含砂油等抽汲；没有举升石油的平衡重，不需要抽油机的平衡系统；驱动功率较小，节约电耗达 60% ~75%；投资费用和操作费用较低。

1.3.1.2　C‒H公司地面驱动螺杆泵采油系统

美国 Centrilift‒Hughes 公司生产的地面驱动螺杆泵采油系统，其电动机、胶带传动、锥齿轮箱等均置于采油井口装置上面，通过抽油杆带动转子旋转进行抽油。转子外表面是经过精密加工的单头外螺旋线，定子的内表面上有双头内螺旋线，定子与转子啮合时，形成腔室，在转子旋转时，腔定向上运动，将石油不断提升到地面。

1.3.1.3　Grifin公司地面驱动螺杆泵采油系统

加拿大 Grifin 公司生产 4‒18 型地面驱动螺杆泵采油系统。4‒18 型地面驱动螺杆泵采油系统的主要基本参数为：产液量 27t/d，理论排量 29t/d，电动机功率 7.5kW，螺杆泵工作转速 180r/min，泵效可达 93.1%，全机总重量 120kg。我国大庆油田曾从加拿大 Grifin 公司购买了四台 4‒18 型地面驱动螺杆泵采油系统，每台价值 6 万美元。大庆油田将它与常规 5 型抽油机配 ϕ56mm 抽油泵进行同条件对比试验，试验结果表明：地面驱动螺杆泵采油系统具有较高的采油经济效益，还具有体积小、重量轻、降低电耗、提高石油产量等优点。

1.3.1.4　R.&M.公司地面驱动螺杆泵采油系统

美国 Robbing & Myers 公司生产 Moyno 地面驱动螺杆泵采油系统，其结构与上述相仿。该公司认为：螺杆泵采油系统只有一个转子运动零件，没有吸入阀和排出阀，结构简单，零部件最少，维护保养比较方便，减少电力消耗，节约抽油费用，下泵深度可达 1216m（4000ft），排量可达 304.8m³/d（1000ft³/d）。为了显示螺杆泵采油系统的优良性能和经济效益，R.&M. 公司曾对三种不同抽油装备进行同条件现场对比试验，证明了螺杆泵采油系统的抽油效率是最高的。

1.3.1.5　Corod 公司地面驱动螺杆泵采油系统

Corod 公司生产的三种地面驱动螺杆泵采油系统：

（1）地面电动机胶带传动螺杆泵采油系统，采用电动机、胶带传动、减速器驱动。利用更换不同直径胶带轮的办法，调节石油的日产量。此外，还可以采用可改变电动机工作转速的驱动调节日产量。

（2）地面柴油机胶带传动螺杆泵采油系统，在没有电源地区开采石油，可采用柴油机、胶带传动、减速器驱动。利用更换胶带轮来调节石油产量。

（3）地面液压驱动胶带传动螺杆泵采油系统，利用电动机驱动液压泵，产生一定压力和排量的液体，用于驱动在井口装置上面的液压马达，再经过胶带传动，减速器驱动抽油杆旋转，将石油举升到地面。其优点是调节排量非常方便，而且可以无级调节。在一定范围内根据载荷变化可以自动调节工作转速。此外，在螺杆泵抽油系统停机时，抽油杆不会发生倒转，避免了抽油杆倒扣与脱扣现象。但是，液压系统在冬季使用不方便。

1.3.2　潜油螺杆泵采油系统研制现状[1]

1.3.2.1　美国 Reda 公司的潜油螺杆泵采油技术

据 1994 年和 1995 年美国《世界石油》报道，Reda 公司于 1994 年与加拿大一家公司合作开发潜油螺杆泵采油系统。该装置包括一台潜油电机、保护器、挠性传动部件和螺杆泵。电机是 Reda540 系列，功率 2.9828×10^4W（40hp），四极，同步转速为 1800r/min，对应的二极电机同步转速为 3600r/min。挠性传动使电机由 1700r/min 的输入转速降低到 106r/min（减速比为 16∶1）或 425r/min（减速比为 4∶1），把电机的定轴转动调整为螺杆泵转子的偏心转动。保护器为标准的三腔保护器，上腔室充满齿轮油，另外两个则充满电机油。保护器可提供可靠的密封，也可为齿轮减速器和潜油电机提供压力平衡和润滑。齿轮减速器有额定止推力 2.7216×10^4kg（60000lb）的下止推轴承承受 PC 泵产生的推力和额定止推力为 6.804×10^3kg（15000lb）的上止推轴承，它允许 PC 泵反转但防止转子从定子中脱出，这一特点在泵被砂堵时可用来清砂。齿轮减速器在挠性联轴器上有两个像滤砂网一样的密封，有助于防止井液进入减速器。

最近该公司又开发出一种外径尺寸为 4.2in（106.68mm）、额定功率为 3.7285W（50hp）的减速器，能够在 139.7mm（$5\frac{1}{2}$in）套管内将井下电机和螺杆泵连接起来，传动比为 4∶1。使用四极电机时，提供 425r/min 的输出转速，并通过一台变频装置实现地面控制，即进行软启动和速度微调。目前，有 20 多套设备在加拿大的油井中运行。

1.3.2.2 美国 Centrilift – Hughes 公司的潜油螺杆泵采油技术

美国 Centrilift – Hughes 公司于 1992 年开始设计潜油螺杆泵 ESPCP 系统。该公司与一家齿轮公司合作研制了传动比为 9∶1 的齿轮减速器，在电机和保护器上采用挠性轴，成功地进行了寿命达 9 个月的生产试验，应用在含砂、高 CO_2、中等 H_2S、比重为 14API°、气液比达 1000 的环境中，目前已形成系列产品。可以根据不同井况，选择不同技术参数的部件。更重要的是采用氧化锆陶瓷轴承，可以承受由螺杆泵反馈的额定轴向推力达 $6.804 \times 10^3 kg$（15000lb）。

1.3.2.3 俄罗斯潜油螺杆泵采油技术

苏联 1973 年在地面驱动螺杆泵采油系统中投入批量运行的同时，又研制了排量大、扬程高，适宜于深井举升的单螺杆泵采油系统，目前已发展为单头、双头和三头螺杆 3 种类型产品。排量范围 16 ~ 200m^3/d，实际最大排量 250m^3/d，举升高度范围为 900 ~ 1200m，实际使用最高达 1400m。

3BHT 5A 型井下电驱动单螺杆泵采油系统，共有四种规格，如表 1 – 1 所示。排量为 16 ~ 250m^3/d，举升高度为 900 ~ 1200m，电机工作转速为 2800 ~ 3000r/min，最高泵效达 70%，一般泵检周期为 1 年，实际最高可达 16 个月。

表 1 – 1　俄罗斯潜油螺杆泵采油系统系列

型　号	3BHT 5A – 16 – 1200	3BHT 5A – 25 – 1000	3BHT 5A – 100 – 1000	3BHT 5A – 200 – 900
排量/$m^3 \cdot d^{-1}$	16	25	100	200
扬程/m	1200	1000	1000	900
转速/$r \cdot min^{-1}$	500	500	500	500
推荐排量 /$m^3 \cdot d^{-1}$	16 ~ 20	25 ~ 36	100 ~ 150	200 ~ 250
推荐扬程 /$r \cdot min^{-1}$	600 ~ 1200	400 ~ 1000	200 ~ 1000	250 ~ 900
电机功率/kW	5.5	5.5	22	32

最新报道，俄罗斯莫斯科无杆泵设计院联合体于 1998 年又研制成功了新型并联潜油螺杆泵采油系统，其组合方式如图 1 – 5 所示。置于最下面的电动机与上面第一个右旋螺杆泵相连接，再经偏心联轴器与上方第二个左旋螺杆泵相连接，两个并联螺杆泵按相反方向泵送井液，其最重要的技术特征是两个定子和各自转子工作副的轴向力相互抵消平衡。这种系统可适于最小油管内径为 121.7mm 的油井，目前有 1600 多台（套）在俄罗斯各油田进行抽油作业。

1.3.2.4 加拿大 Corod 公司的潜油螺杆泵采油系统

加拿大 Corod 公司除了生产地面驱动螺杆泵采油系统外，还生产以下两种井

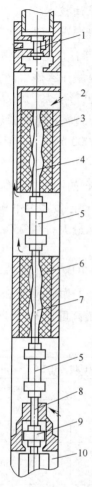

图 1-5　并联潜油螺杆

泵采油系统结构简图

1—安全阀；2—滤网；3—上部

螺杆泵衬套；4—上部螺杆泵

螺杆；5—偏心联轴节；

6—下部螺杆泵衬套；

7—下部螺杆泵螺杆；

8—短轴；9—启动

联轴节；10—保护器

下驱动方式的螺杆泵采油系统：

（1）井下电机驱动螺杆泵采油系统，采用可变转速的电动机驱动，根据油井工况条件变化以及采油的需要，可随时调节油井产量，使用与调节相当方便。

（2）井下液压驱动螺杆泵采油系统，采用电动机驱动液压泵，产生一定压力和排量的液体，通过管线输送到井下液压马达，再驱动螺杆泵转子旋转举升井液。根据油井工况条件变化以及采油的需要，也可以随时调节油井产量，使用与调节方便。

1.3.2.5　国内研制的潜油螺杆泵采油系统

1998 年沈阳工业大学与辽河油田钻采工艺研究院共同合作，在螺杆泵质量过关的基础上，使用 ESP 电机，自行研制开发减速器、柔性轴和控制系统，我国第一台潜油螺杆泵采油系统试验成功。目前推出的各系列技术指标见表 1-2。

第一套样机于 1999 年 1 月 11 日在金马油田 HC7-21 井安装，投产成功，下泵深度 1200m，原油黏度 3300mP·s（40℃），产量 13～19m³/d，含水 60%，含砂 0.025%，油气比 80m³/m³，ϕ177.80mm 直井，油层温度 54℃，连续运行了 6 个月。该井位于新海 27 块，稠油油藏，具有较活跃的边底水。该井于 1993 年 8 月试油投产，井段 1393.2～1409.0m，实施冷采。1993 年 8 月～1996 年 6 月采用抽油机生产，初期日产油 15.3m³，日产水 0.4m³，未采取防砂措施，以后产液量下降，含水上升，冲砂检泵较频繁，平均周期不到 3 个月。

1996 年 6 月 28 日～7 月 2 日：分段洗井冲砂返稠油 5m³，返砂 0.3m³，然后转下地面驱动螺杆泵，泵的下井深为 1200m，驱动电机功率 15kW，生产一直比较稳定，产液量基本维持在 8～10m³/d，含水逐渐上升，到 1998 年 12 月，产液 9m³/d，含水 63%，动液面 193m。尽管油层供液能力较好，但由于受提高转速的限制，驱动杆转速一直为 80r/min，无法提高排量。采用电潜螺杆泵采油系统后，产液基本稳定在 19m³/d 左右，电压 450V，电流 15A，系统消耗功率 8.2kW，与原地面驱螺杆泵相比产量增加 1 倍多，同时节电 37%。后来通过变频

表 1-2 电潜螺杆泵采油系统的主要技术指标表

代 号	E-55-18	E-75-15	E-105-10
额定理论排量/m³·d⁻¹	28	38	56
扬程/m	1800	1500	1000
容积效率/%	80	80	80
最大下泵深度/m	1800	1600	1200
额定功率/kW	10	12	12
排量调节范围/m³·d⁻¹	16~28	22~38	32~56
油管尺寸/mm	73	73~88.9	88.9
电力设备容量/kVA	50	50	50
井下机组总体长度/m	12	13	13
地面供电参数	电压 500V 以内，电流 20A 以内		

注：1. 泵容积效率为泵在满扬程、井液无气体情况下的测定值。

2. 选择接近泵的额定系数时，系统效率最高。

3. E 表示 ESPCP，指潜油螺杆泵。

控制，速度下调 30%，产液量稳定在 13m³/d 左右，电压 450V，电流 10A，系统消耗功率 7.6kW。

另外，有文献也报道了沈阳新阳公司设计生产的 YLB43×15 型井下液压驱动螺杆泵采油系统和 DQLB150×15 型井下电动螺杆泵采油系统。

A YLB43×15 型井下液压驱动螺杆泵采油系统

（1）基本尺寸：转子长度 3987mm，偏移直径 51mm，节数为 1；定子长度 3930mm，外径 102mm，螺纹直径 88.89mm，节数为 1。

（2）主要参数：排量 8.7~16.7m³/d，工作压力 15MPa，提升高度 1500m，泵效 75%，泵径 114mm，油管直径 63.49mm，系统重量 600kg。

（3）适用范围：两种定子的最高使用温度分别为 90℃、150℃，含砂量 2.5%，稠油最大黏度 5000mPa·s，最大油气比 700m³/t。

B DQLB150×15 型井下电动螺杆泵采油系统

（1）基本尺寸：转子长度 5810mm，偏移直径 55.4mm，节数为 1；定子长度 5050mm，外径 102mm，螺纹直径 88.89mm，节数为 1。

（2）主要参数：排量 32m³/d，工作压力 15MPa，提升高度 1500m，泵效 75%，电动机功率 22kW，泵径 114mm，油管直径 76.19mm，系统重量 600kg。

（3）适用范围：两种定子的最高使用温度分别为 90℃、150℃，含砂量 2.5%，稠油最大黏度 2000mPa·s，最大油气比 700m³/t。

1.3.3　国外螺杆泵采油系统应用现状[2,13]

1.3.3.1　潜油螺杆泵采油系统在长滩油田的应用

从 1993 年 11 月开始，长滩油田已陆续安装了 13 套 ESPCP 机组，表 1 - 3 列举了油层及完井数据。这 13 套机组分别下入 10 口不同的油井，其中有固体含量高于 7% 的，也有硫酸钡结垢问题严重的。运行寿命从 0 ~ 407 天不等，安装数据见表 1 - 4。通过检查 9 套已停机的机组发现：

表 1 - 3　油层及完井性能

油层	RANGER	TERMINAL	UPFORD
区域	海上	海上	海上
生产井号	439	128	44
岩性（胶结性砂岩）	非	弱	强
油井产液量/m^3	31.8 ~ 874.4	17.5 ~ 556.5	6.4 ~ 238.5
泵吸入口压力/MPa	0.7 ~ 5.6	0.7 ~ 5.98	0.7 ~ 4.2
垂直深度/m	640 ~ 975	549 ~ 1280	1250 ~ 2164
原油 API 度（比重）	15	20 (0.934)	28 (0.8871)
气液比/$m^3 \cdot m^{-3}$	1.96	6.23	14.2
平均储层压力/MPa	7.0	7.7	9.8
平均温度/℃	54.44	71.11	98.89
平均含水/%	94.0	82.5	80.0
平均黏度/mPa·s	80	15	5
结垢（轻，重）	$CaCO_3 \cdot BaSO_4$	$CaCO_3 \cdot BaSO_4$	$CaCO_3$
固体颗粒/%	0 ~ 5	0 ~ 5	0 ~ 1
二氧化碳	$(0 ~ 4000) \times 10^{-6}$	$(0 ~ 4000) \times 10^{-6}$	$(0 ~ 2000) \times 10^{-6}$
硫化氢	$(0 ~ 4000) \times 10^{-6}$	$(0 ~ 4000) \times 10^{-6}$	$(0 ~ 2000) \times 10^{-6}$
乳化	有	有	有
套管尺寸/mm（in）	219.1 ($8\frac{5}{8}$)	219.1 ($8\frac{5}{8}$)	244.5 ($9\frac{5}{8}$)
衬管尺寸/mm（in）	168.3 ($6\frac{5}{8}$)	168.3 ($6\frac{5}{8}$)	177.8 (7)
完井	砾石充填	砾石充填	割封衬管
油管尺寸/mm（in）	73.0 ($2\frac{7}{8}$)	73.0 ($2\frac{7}{8}$)	73.0 ($2\frac{7}{8}$)

表1-4　ESPCP安装数据

序号	油井	电机功率/kW（hp）	泵级	减速比	产液/m³·d⁻¹	产油/m³·d⁻¹	API度	固体含量/%	最大角度/(°)	寿命/d
1	A314	29.83（40）	18	4:1			17.2		90	0
2	A314	29.83（40）	18	4:1	158.9	7.9	17.2	2~4	90	37
3	A406	22.37（30）	18	9:1	31.8	7.9	16.0	无	11	109
4	A567	29.83（40）	22	4:1	31.8	10.3	13.0	0~7	94	141
5	A567	29.83（40）	22	4:1	31.8	10.3	13.0	0~7	94	381
6	C340	29.83（40）	18	9:1	47.7	3.2	23.0	有	77	248
7	C531	29.83（40）	14	4:1	127.2	4.8	15.1	无	74	22
8	C652	29.83（40）	18	4:1	158.9	13.5	19.5	无	59	41
9	D756	29.83（40）	18	9:1	28.6	2.4	16.0	无	35	339
10	D83	29.83（40）	60	4:1	27.0	2.8	17.0	无	48	407
11	J127	14.91（20）	18	4:1	31.8	1.6	13.1	无	50	16
12	J127	14.91（20）	18	4:1	31.8	1.6	13.1	无	50	10
13	J342	29.83（40）	18	4:1	28.6	4.0	12.0	无	94	208

（1）当泵送受阻时导致齿轮减速器出现机械故障或油管泄漏。可通过改进地面溢流阀提高其可靠性，并消除井下油管泄漏。

（2）由于机组反复运行造成的电气故障。可通过改变PC泵选择程序、用变速驱动装置和监测器监测吸入口压力来加以改进。

用ESPCP已成功地解决了因磨蚀和结垢造成的ESP（电潜泵）磨损和堵塞。在存在这些问题的油井中，ESPCP将成为一种主要的人工升举方法。在长滩油田的普通油井中，虽然ESPCP比ESP的机组费用高出90%，但这些费用主要是用于泵和电机、齿轮减速器和压力监测器。

在运行费用方面，ESPCP比ESP的平均电耗低19%，如果这个初步统计结果正确的话，在产量800桶（bbl）/d、垂直深度883.9m的油井中，用ESPCP可每天节省电费7.95美元（每千瓦小时省电0.04美元）。

对于ESPCP机组，要想在经济上与ESP竞争，必须充分延长其运行寿命，减少功率损耗以弥补投资差额。因此只有在ESP不能运行或运行寿命小于400天的油井中，ESPCP才能具有更高的经济效益。当然还要减少其初始投资以缩小与ESP的差距，甚至比ESP更低。

1.3.3.2　法国PCM螺杆泵采油系统在榆树林油田的应用

榆树林油田为大庆油田外围的特低渗透油田，开采层位主要是扶余和杨大城子油层，个别区块发育埋藏较浅的葡萄花油层，储层渗透率低，储层孔喉小，黏土矿物含量高，大部分井井深都在 2000m 以上，抽油机抽汲困难且能耗高。

2007 年 1 月，在升榆 52～58 和升榆 50～62 两口井上开展法国 PCM 螺杆泵举升试验，型号为 15TP2400，下泵深度分别为 2010m 和 2030m。这两口井从投产到目前一直都运行正常，平均有功功率分别为 3.301kW 和 3.639kW，同抽油机井相比节电率均高于 50%，具体的试验情况见表 1-5。2007 年 9 月至 10 月，又在升 22 井区推广应用 8 口螺杆泵井，下泵深度都在 2000m 左右。经过 10 个月的现场考核证明螺杆泵抽油在技术上是可行的，经济上节能效果显著。

表 1-5　法国 PCM 螺杆泵在榆树林油田的试验情况

井号	应用时间 /a	产液量 /t·d⁻¹	泵挂深度 /m	沉没度 /m	频率 /Hz	转速 /r·min⁻¹	测试时间	有功功率 /kW	系统效率 /%
升榆 50～62	1.24	1.2	2010	451	27	52	2007 年 2 月 6 日	3.301	9.00
		1.1		446	23.97	46	2007 年 2 月 28 日	2.762	10.97
升榆 52～58	1.27	1.0	2030	573	30	52	2007 年 2 月 6 日	3.9	9.20
				542	52	30	2007 年 2 月 15 日	3.639	9.92
		1.2		427	28	46	2007 年 2 月 28 日	3.824	9.44

1.3.3.3　Corod 公司螺杆泵采油系统在辽河油田的应用

辽河油田矿机所于 1987 年引进了一批加拿大 Corod 公司地面液压驱动胶带传动螺杆泵采油系统，其总体结构见图 1-6。液压驱动系统由两部分组成，一部分是装在橇座上的液压源，主要由电动机、液压泵、油箱和各种液压阀件组成；另一部分是装在井口装置上面的动力与减速驱动装置，主要由液压马达、胶带减速器、光杆密封装置等组成。此外还有两部分连接的液压管线。

A　引进的螺杆泵采油系统主要参数

引进的 120×18N 型和 120×26N 型单螺杆泵采油系统主要参数为：理论排量 120mL/r；下泵深度 0～150m；泵送液体密度 825～1037kg/m³；电动机功率 35kW；抽油杆的工作转速 20～500r/min。

B　引进的螺杆泵采油系统抽油性能

螺杆泵的理论排量与转子工作转速成正比关系。120 型螺杆泵理论排量与转子工作转速关系如图 1-7 所示。

螺杆泵的排量与压力变化曲线见图 1-8。兼有柱塞泵和离心泵特性曲线的特点，当其工作压力小于某一种临界值时，螺杆泵的排量随着压力的增加缓慢下降，呈现柱塞泵的硬特性；当压力高于某一种临界值时，螺杆泵的排量随压力增加快速下降，呈现离心泵的软特性。图 1-8 是介质为水试验的特性曲线。

C　矿场试验结果

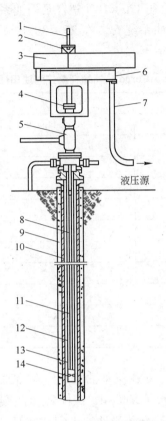

图 1 - 6　地面液压驱动胶带传动螺杆泵采油系统

1—光杆；2—光杆卡子；3—驱动总成；4—密封器；5—出油三通；6—液压马达；7—液压管线；
8—抽油杆；9—油管；10—套管；11—井下泵；12—定子；13—转子；14—销子

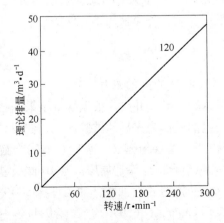

图 1 - 7　120×18N 螺杆泵理论排量曲线

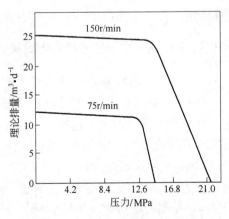

图 1 - 8　120×18N 螺杆泵特性曲线

第一台加拿大 Corod 公司 120×18N 螺杆泵采油系统安装在辽河油田 9－006 井试验，第二台螺杆泵采油系统安装在 26－30 井试验，两口井的综合数据见表 1－6。

表 1－6　Corod 公司螺杆泵辽河油田试验结果

参　数	9－006 井	26－30 井
射水井段/m	1126.3～1154.8	956.2～986.6
油层厚度/m·层⁻¹	10.8/5	14.8/4
石油黏度（50℃）/MPa·s	2000	6476
石油密度/kg·m⁻³	980	990
石油含砂/%	0.327	微
下泵深度/m	1100	970
油管内径/mm	75.9	75.9
抽油杆直径/mm	25	25
抽油杆工作转速/r·min⁻¹	200	170
产液量/m³·d⁻¹	27	22
泵容积效率/%	78	76

（1）9－006 井：装前，是游梁抽油机配柱塞抽油泵，产液量为 15m³/d，装螺杆泵采油系统后，产液量为 27m³/d，螺杆泵采油系统增加石油产量达 0.8 倍。

（2）26－30 井：装前，是游梁抽油机配柱塞泵，产液量只有 3m³/d，装螺杆泵采油系统后，产液量达到 22m³/d，螺杆泵采油系统产液量增加 6.4 倍。

两台试验结果表明：螺杆泵的泵效随泵深增加而下降。实践证明引进的螺杆泵适应下泵深度为 1000m，泵效较高。螺杆泵具有功率大、扭矩高、调速方便、停机时抽油杆不倒转等优点，同时也发现液压驱动在冬季使用不方便的特点。

1.3.4　我国螺杆泵采油系统应用现状

1.3.4.1　螺杆泵采油技术在永宁油田低渗透油藏的应用[14]

螺杆泵采油技术在永宁油田开展先导性试验，共 2 井次。根据螺杆泵采油技术工作原理与选井原则，选择双河油区延安组油层作为先导性试验区块，侏罗系延安组发育河流相、湖相水进型三角洲沉积相。油层组延 7、延 8（J2y3）、延 10（J2y2），储层岩性为石英砂岩，大、中孔隙组合，低渗透储层。延 10 储层砂体厚度大，边水、底水活跃，为弹性—水压驱动构造岩性油藏，油藏埋深 500～1100m；原油密度 0.84～0.85g/cm³，黏度 8.71mPa·s（50℃），含硫 0.11%～0.2%，含蜡 7.6%～10.48%；地层压力为 4.92MPa，压力系数 0.62，体积系数

1.05。表1-7列出了螺杆泵应用前后效果对比。可以看出，试验前后油井产量基本保持稳定，检泵周期分别延长了81.8%和90.8%。

表1-7 螺杆泵应用前后效果对比

井　号	开采层位	管式泵/m³·d⁻¹	螺杆泵/m³·d⁻¹	原检泵周期/d	延长检泵周期/d
双532-J1井	延10	10.1	10	165	135
双719井	延8	6.0	6	185	168

1.3.4.2　螺杆泵采油技术在大港高含水油田的应用[15]

大港油田第六采油厂所属羊三木和孔店油田均为注水开发油田，自2000年起，油田开发进入高含水开采阶段。高含水开发阶段的油田具有渗透性高、地层连通性好、油井动液面浅，地层供液充分等特点，这些特点都给油井大排量生产提供了很好的基本保障。第六采油厂均采用电泵采油工艺进行油井液。截至2007年底，第六采油厂共有电泵井开井24口，平均单井日产液224m³，平均单井日产油6.8t，平均含水为96.9%。电泵采油技术均用于高含水油井，用于油井提液。电泵井的能耗高，生产维护成本高，平均单井月耗电量为44000kW·h，平均单井的检泵费用为14.4万元。

针对电泵井能耗高的问题以及螺杆泵采油工艺技术的发展状况，从节能的角度出发，从2008年年初开始，第六采油厂实施了8口电泵井的工艺转换工作，即由电泵采油工艺转换为螺杆泵采油工艺，从工艺转换后的油井生产情况分析，在保持油井液量基本不变的情况下，实现了较好的节能效果。

（1）油井产液量对比。由表1-8可以看出，油井使用大排量螺杆泵生产和电泵井生产的产液量基本持平，能够满足地质设计的产液量要求。

表1-8 大排量螺杆泵与电泵井产液量对比

项　目	电泵生产/m³·d⁻¹	螺杆泵生产/m³·d⁻¹	差值/m³·d⁻¹
孔63	235	242	7
羊8	256	266	10
孔31	303	298	-5
孔1017	197	191	-6
孔1050-2	274.5	272	-2.5
孔1094	227	236	9
孔1012	303.4	293	-10.4
羊新14-16	242.5	236	-6.5
平　均	254.8	254.25	-0.55

（2）油井能耗对比。由表 1-9 可以看出，大排量螺杆泵井平均月耗电量在 12437kW·h，电泵井平均月耗电量在 455667kW·h，大排量螺杆泵井月均耗电量比电泵并月均耗电量少 32793kW·h，8 口井年节电量为 3148428kW·h，每度电以 0.68 元计，年节约电费 214 万元。

表 1-9　大排量螺杆泵与电泵井耗电对比

项　目	电泵耗电/kW·h·月$^{-1}$	螺杆泵耗电/kW·h·月$^{-1}$	节电/kW·h·月$^{-1}$
孔 63	49704	11342	38362
羊 8	42156	12853	29303
孔 31	48378	16325	32053
孔 1017	46525	12382	34143
孔 1050-2	34272	10532	23740
孔 1094	49486	14774	34712
孔 1012	49592	10390	39202
羊新 14-16	41712	11316	30396
平　均	45228	12489	32739

（3）油井一次性投入及检泵维护费用对比。新下大排量螺杆泵与新下电泵一次性投入对比：由表 1-10 可以看出，新下大排量螺杆泵与新下电泵在一次性投入中费用基本相同。

表 1-10　一次性投入费用对比　　　　　（万元）

新下螺杆泵	φ38 杆	φ89 管	螺杆泵	施工费用	地面设备	费用合计
	6.24	6	6	5.5	4	27.74
新下电泵	电缆	φ73 管	电泵	施工费用	地面控制系统	
	3.6	4.87	10	5.5	3	26.97

（4）效益分析。通过已实施 8 口井的生产运行情况及能耗等指标对比分析，8 口井年节约费用为 206 万元。

通过对大排量螺杆泵采油工艺的推广应用，在大港油田第六采油厂已经见到了很好的经济效益。大排量螺杆泵采油工艺同电泵采油工艺相比，在同等液量的情况下，螺杆泵的能耗大大低于电泵采油工艺能耗，这为高含水油田寻求低成本采油之路提供了一个有效的途径，具有良好的推广应用前景。

1.4　螺杆泵采油系统新进展与发展趋势

近年来，国外在螺杆泵材料、结构设计、组件及配套技术等方面的研究开发,已取得了一批技术水平较高的成果[16~19]。

1.4.1 新材料

1.4.1.1 金属定子螺杆泵

加拿大 CAN - K 公司开发了一种金属定子螺杆泵,定子采用高铬钢材料,表面覆盖 8~10mm 的氟化橡胶。该型泵主要具有以下优点:

(1) 使用较少级数实现高压头。

(2) 可处理高含砂井液。

(3) 发生事故时,不需要起出转子,从而减少了作业费用。目前该工艺还存在以下缺点:

1) 成本较高,是普通螺杆泵的 3~4 倍,但批量应用可降低成本;

2) 扭矩较高;

3) 由于产生热量高,对气井的适应性不强;

4) 仍处于开发阶段,尚未成熟。

1.4.1.2 合成材料螺杆泵

美国 G - PEX 公司开发了合成材料螺杆泵,其定子采用专利配方的合成材料,耐磨性高于钢铁,其中加入了减少摩擦的试剂,加工精度更高。转子表面覆盖一层聚氨酯,抗磨蚀性强,力学性能更好,适应流体和烃的范围广,同时采用等壁厚结构,可提高系统效率。该型泵的优点是被磨损的是螺杆,而不是螺杆泵本体。

1.4.1.3 转子涂层

美国得克萨斯州的一家公司提供了一种螺杆泵转子涂层。该涂层采用一种新的不改变转子几何与力学特性的粉末喷涂工艺,代替了原来的镀铬方法,获得的涂层硬度高,抗磨性好,致密均匀,且能保证严格的制造公差,使其具有更好的耐蚀性和耐磨性。在室内试验中以含砂液为介质进行工作时,粉末涂层比镀铬转子的性能更佳,其寿命可延长 2 倍以上。

1.4.2 新结构设计

1.4.2.1 等壁厚定子螺杆泵

加拿大 Weat herford 公司开发了一种等壁厚定子螺杆泵,在磨蚀和高压条件下,使用寿命和常规螺杆泵相同。该型泵具有以下优点:

(1) 散热效率提高;

(2) 单级泵压差增大,泵长度缩短,扭矩和功率减小;

(3) 橡胶溶胀、热胀均匀;

(4) 适应范围更广;

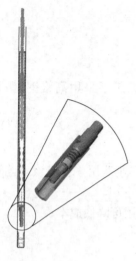

图 1 - 9　插入式
螺杆泵装置

（5）结构更加优化；

（6）转子不需抛光；

（7）泵体质量更轻；

（8）为洗井和压力监测提供了通道。

1.4.2.2　插入式螺杆泵

加拿大 Weat herford 公司对原有插入式螺杆泵的结构进行了改进，改进后的装置见图 1 - 9。改进后的插入式螺杆泵主要优点：

（1）油管内无障碍；

（2）顶部坐封，在油管和定子内不会沉砂；

（3）采用金属坐封环，坐封力增大；

（4）无须改变管柱即可适应螺杆泵的几种规格；

（5）可以洗井。

1.4.2.3　多吸入口螺杆泵

美国 CORLAC 公司针对稠油开采开发了多吸入口螺杆泵（一种专利产品），在泵吸入端磨铣出几个孔，以增加泵的流入面积。该型泵适用于高黏度、流入动态差、出砂等油井。现场试验表明，该泵运行寿命大大延长。

1.4.2.4　空心转子螺杆泵

针对常规实心转子螺杆泵暴露出的热洗清蜡困难、连喷带抽油杆柱脱落等问题，研制了空心转子螺杆泵。与实心转子螺杆泵相比，空心转子螺杆泵具有以下显著优势：

（1）可实现大排量快速热洗清蜡；

（2）可防止抽油杆脱扣。空心转子螺杆泵基本解决了小排量螺杆泵井的热洗清蜡和由于上顶力导致的杆柱脱扣问题，取得了十分可观的经济效益。

1.4.2.5　多头大排量螺杆泵

随着油田进入高含水后期开采阶段，日产液 150m³ 以上的大排量井数量逐年增加。但是，目前成熟的螺杆泵采油技术的排量范围只适于排量在 5 ~ 150m³/d 的油井，无法适应排量大于 150m³/d 油井的举升要求。为此，研制了 2 : 3 的大排量螺杆泵。与单头大排量杆泵相比，这种泵具有以下技术特点：

（1）泵排量大幅增加；

（2）采用多头泵的设计方法后，偏心距减小，从而使螺杆泵定子橡胶厚薄不均的程度有所改善，对于提高定子橡胶的受力状况、延长使用寿命十分有利。该型泵首次将多线设计方法应用于采油螺杆泵，在现场应用中充分体现出排量大、泵效高的特点。

1.4.3 新组件及配套技术

1.4.3.1 重型驱动头

由 R&M 能源系统公司研制的 Moyno Ulrtra – DriveModel EX1 型地面驱动头是为莫伊诺（Moyno）井下螺杆泵设计的，可用于大泵和（或）深井采油。新型驱动头结构坚固，并改善了井下螺杆泵应用的作业性能。该驱动头安装简单，停泵时的反冲控制安全、协调，并改善了井口的动态密封性能。

驱动头电动机支架设计可装置功率为 3.713 ~ 112kW（双电动机的最大功率 224kW）的双电动机，如图 1 – 10 所示。最大的光杆速度为 600r/min、作业光杆扭矩为 5142kN·m，重型变速箱中的止推轴承承受抽油杆柱的重力和转动螺杆泵的轴向载荷。标准轴承的动载额定值为 358kN，它以 CA 90 的额定值为基础。变速箱的组件是一个直接连在液压马达驱动

图 1 – 10　EX1 重型驱动头

装置上的螺旋形锥斜齿。反扭矩通常是由井内停泵时储存的能量释放产生的。为了有效安全地进行控制，液压马达驱动装置应降低转速。下部的齿形设计利于油田安装，可拆卸的密封系统具有通用性和易于维修。该驱动头适用于光杆尺寸为 3811mm 和 5214mm。

图 1 – 11　旋转驱动头密封装置

1.4.3.2 螺杆泵驱动头的密封装置

由俄克拉荷马休斯 Centrilift 公司研制的旋转式螺杆泵驱动头密封装置是整个 LIFTEQ LT 系列螺杆泵装置驱动头的最新组件，如图 1 – 11所示。该密封装置是唯一的可在 288e 条件下工作的无泄漏盘根盒，以满足 FTEQ LT30E，LT50E，LT100E，LT150E 和 LT300E 型驱动头的工作要求。

作为主密封和包括传统的聚四氟乙烯和石墨绳式填充的次密封利用了多凸缘密封部件。该系统可预先提出主密封泄漏警告，而且，次密封可较容易地防止意外停泵事故的发生。次密封系统可像传统填料盒一样操作，并继续使用至维修期，避免了额外检泵。

旋转式密封部件的另一个好处就是减少了光杆的磨损。主密封的设计考虑了操作时消除光杆的磨损或减小磨损。Centrilift 公司旋转式密封装置也可适用于其

他制造商的螺杆泵产品。

1.4.3.3 大扭矩抽油杆与接箍

为满足工业与人工举升的需要，加拿大阿尔伯塔 Weatherford 公司研制了大型螺杆泵和驱动装置。由于抽油杆和接箍尺寸的增加，连接驱动装置和螺杆泵的抽油杆扭矩也相应增加。通常采用的方法是研制较大的抽油杆，但这会限制液流流动和增加杆柱的质量和扭矩，并需要较大的且昂贵的驱动装置。

为此，Weatherford 公司研制出一种新型超高强度抽油杆，使上述问题得以解决。EL 抽油杆（见图 1-12a）能够满足新型的驱动装置和螺杆泵大扭矩的需求。为进一步增加抽油杆的高扭矩值，又研制了高扭矩接箍（见图 1-12b）。该接箍采用了新的抽油杆扭矩值，并设定了超出传统工业范围的运转系数。由于这一安全系数，与已颁布的传统抽油杆一样，无须增加新型抽油杆的扭矩值。图 1-12 抽油杆与接箍型抽油杆和接箍的超高扭矩值可使操作者使用低于传统的抽油杆尺寸，即将 25.4mm 抽油杆变为 22mm。这就减轻了杆柱的质量，增大了液流面积，减小了扭矩。

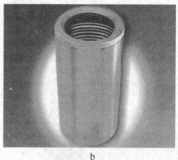

a   b

图 1-12 抽油杆与接箍

a—超高强度抽油杆；b—超高扭矩接箍

1.4.3.4 抽油杆扶正器

美国 R&M 公司开发了多种结构的抽油杆扶正器，主要有以下几种。

（1）卡装式抽油杆扶正器，其优点是现场安装，磨损率低；其缺点是缚紧应力低，减小过流面积，不能耐高温（76.7℃）。

（2）接箍旋转式抽油杆扶正器，其优点是现场安装，低磨损，能保护抽油杆接箍，减小扭矩；其缺点是减小过流面积，不能扶正杆体，不能耐高温（60℃）。

（3）旋转式抽油杆扶正器，其优点是过流面积大，减小扭矩，高缚紧力；其缺点是室内安装，不能耐高温（60℃）。

（4）耐高温旋转式抽油杆扶正器，其优点是低扭矩，过流面积大，高缚紧力，耐高温204.4℃；其缺点是室内安装，在杆体上旋转。

1.4.3.5 油管旋转器

R&M公司开发了适合于法兰连接和螺纹连接的油管旋转器，其优点是：

（1）对生产油管内圆周均匀磨损提供了一种有效的方法；

（2）减小摩擦损失和流动阻力，提高运行效率，延长泵寿命；

（3）在腐蚀环境下，降低颗粒的流速，减少磨损；

（4）可用于往复抽油泵或螺杆泵；

（5）适合于所有API标准的法兰和井口；

（6）油管直径最大可达114.3mm；

（7）采用扭矩限制器防止油管承扭过大；

（8）作业过程中，旋转器固定；

（9）可以和抽油杆扶正器配合使用，提高油管防磨效果。

1.4.4 螺杆泵采油技术的发展趋势

为了延长螺杆泵采油系统的使用寿命，人们不断地进行技术革新，提高其可靠性并积极地推广系统应用，但这还不能完全适应未来石油工业的发展要求，本书作者认为螺杆泵采油系统的设计技术还应该在以下几个方面继续加大科技攻关力度[1]。

1.4.4.1 建立螺杆泵采油系统的远程智能控制网

目前，测井的常规手段是采用声波测定器进行环空动液面测定，这是一种非连续性定时测量方式，无法实时掌握井下供液量。更为有效的技术是将压力传感器、温度传感器置于井下机组的关键部位，配合地面仪器综合采集泵的输入端绝对压力、泵两端的相对压差、油温、黏度等信息，通过网络传递到总控制室，由主机对电机的转速进行实时在线控制。一方面，保证油井的供液能力与泵的排液能力达到供排平衡状态，杜绝"烧泵"现象发生；另一方面对螺杆泵转子的转速进行最优调控，根据转子的截面直径、运动偏心、定子导程、泵的级数、转定子配合过盈量优化出合理的转子工作转速，有效地延长泵的使用寿命。

1.4.4.2 螺杆泵的结构设计与制造

螺杆泵的设计就是针对油井的井况和举升要求合理选择确定螺杆泵的结构参数，如转子直径、运动偏心、定子导程、泵级数及定子过盈和工作参数（转子工作转数）。实践表明螺杆泵的结构参数和工作参数不但决定了螺杆泵的工作特性，而且直接影响螺杆泵及其采油系统的可靠性。特别是对于工矿环境和原油物性相差比较大的油井，结构参数和工作参数对螺杆泵输出特性的影响规律及影响程度有所不同，因此螺杆泵的设计是使其具备较好综合特性的关键。

此外，设计不同头数的螺杆泵也是一种趋势。美国泵服务有限公司（American Pump Service, Inc.) 研制了螺杆衬套副为 4∶5 的潜油多头螺杆泵, 与单头螺杆泵相比, 多头螺杆泵大大减小了泵的几何尺寸, 提高了泵的排量和压头, 降低了泵的转速, 减轻了泵的振动。在下泵深度为 610m, 排量为 318m³/d 的相同条件下, 要求单头螺杆泵外径 114.3mm, 长度 8.53m, 而 4∶5 头的多头螺杆泵外径只需 88.9mm, 长度仅为 3.35m。国内辽宁福泰机械制造有限公司已生产出螺杆 - 衬套副为 2∶3 头用于地面驱动的螺杆泵。

螺杆泵的制造质量反应在定子衬套的粘接、定子橡胶的硫化、定子和转子的表面质量、结构尺寸精度及型线精度等方面。因加工质量存在问题而导致泵体脱胶、定转子抱死、定子橡胶破裂、转子表面镀层剥落等, 引起油井举升失效的井下事故时有发生, 加之型线精度决定定转子的啮合特性, 是影响螺杆泵寿命的关键因素。因此, 制造水平, 尤其是定子制造的工艺稳定性、定转子加工几何尺寸精度是决定螺杆泵产品质量的重要因素。

提高螺杆泵的制造质量还体现在转子的表面处理工艺上。由于原油中含有酸(或碱)性气体, 含有一定比例的砂粒, 使螺杆泵转子处于腐蚀和磨蚀环境下, 这种工况下表面硼化处理的转子比表面镀铬的转子寿命长得多。实验表明, 仅在腐蚀性条件下, 表面硼化处理的转子寿命是表面镀铬转子寿命的 5 倍, 表面具有氮化钨层的转子也比传统镀铬转子性能优越。遗憾的是, 国内目前多采用镀铬转子。

1.4.4.3　定子橡胶的选择与配方设计

定子橡胶衬套是采油螺杆泵的关键部件之一, 是决定螺杆泵使用寿命的主要因素。采油工况要求定子橡胶具有较好的耐油气浸性能、耐温性能、抗磨损性能以及抗疲劳老化性能等, 特别是耐油气浸能力尤为重要。由于各油田甚至同一油田的不同区块的原油物性相差较大, 对定子橡胶的影响也明显不同, 尤其是定子橡胶的溶胀性能以及机械物理化学性能决定了定子橡胶的寿命。因此, 定子橡胶的好坏, 即橡胶配方的合理性和配伍性, 是螺杆泵采油能否成功的关键技术。

国外在订购螺杆泵采油系统时, 制造商要求用户提供当地油井的油样, 根据油样化验的石油成分和含有的腐蚀介质, 来选择相应的定子橡胶材料的配方, 以确保螺杆泵采油系统的使用寿命。国外不允许在不了解油井石油成分和伴生物、腐蚀介质的情况下, 乱用螺杆泵采油系统, 这也是防止螺杆泵采油系统过早破坏的主要措施, 因为橡胶材料配方使用不当, 橡胶定子将会发生烂胶、脱胶等现象, 将会使螺杆泵在一个月甚至一周内完全失效, 其浪费是相当大的。所以近年来, 国外生产螺杆泵的公司, 都有多种橡胶材料配方定子, 以适应各种腐蚀油井开采石油的需要, 确保应有的使用寿命。

目前国外研究了 4 种橡胶材料作为螺杆泵定子衬套副的材料, 即丁腈橡胶、超高丙烯腈含量橡胶、氢化丁腈橡胶和含氟橡胶。其中高丙烯腈含量橡胶(high nitrile rubber）能成功地用于温度为40℃、芳香族化合物含量达11%的油井中；氢化丁腈橡胶（HNBR）能较好地适应二氧化碳、硫化氢和甲烷气体含量较高的油品环境（CO_2、H_2S的含量可达2%），而且保持较好的力学性能，这种橡胶已经成功地用于250℃的高温油井中；氟橡胶能适应较高的温度，但力学性能不理想，因此寿命不长。

在定子橡胶中加入添加剂，对减轻螺杆和衬套之间的摩擦很有益处，尤其在含水含气较高的油井中。

国内目前主要还是采用丁腈橡胶作为螺杆泵定子衬套的材料，因此难以适应各种油井工况，严重阻碍螺杆泵的应用。迅速建立原油物性与螺杆泵定子橡胶材料之间的最优关系数据库，是拓展潜油螺杆泵采油系统应用面的关键。

1.4.4.4 螺杆泵检测技术

由于螺杆泵本身结构、材质以及加工工艺的复杂性，致使螺杆泵产品质量的稳定性、互换性较差。因此，在螺杆泵进入现场使用前，对其工作特性及加工质量等进行全面的综合检测及综合分析是杜绝不合格泵进入现场、避免油井早期事故发生、为选井选泵以及配套工艺技术合理实施提供基础依据的重要手段。因此，螺杆泵的检测是螺杆泵采油不可缺少的一项重要技术。

1.4.4.5 确定合适的定转子之间的配合关系

转子与定子之间依靠过盈配合来保证螺杆泵的排量与泵效。如果过盈量较大，不仅摩擦阻力增大，增加动力消耗，而且在稠油井中还会出现不能旋转的现象。如果定子硫化有缺陷，还容易发生脱胶、剥落等不正常现象，使螺杆泵过早破坏。如果过盈量较小，将会增加液体的漏失量，达不到螺杆泵应有的排量，降低容积效率，严重时出现不能抽油现象。所以正确合理的选用转子与定子之间的过盈配合量是保证螺杆泵排量和泵效的一个关键问题。法国Emip公司制造的螺杆泵，推荐过盈量为0.2~0.5mm，对于开采稠油、扬程较低的工况，应取较小的过盈量；对于开采稀油、扬程较高的工况，应取较大的过盈量。现场实践证明合理。

此外，对螺杆泵的试验研究结果可知：常规螺杆泵排出端每级转子承受的压差要比吸入端每级转子承受的压差大，这是不理想的状态。为了改善螺杆泵这种状况，使每级转子承受的压差接近相等，国外有的公司加大了排出端过盈量、减少了吸入端的过盈量，这样可以使每级转子压差大致相等，大大改善螺杆泵的工作条件。有两种方法可以实现这种改进：一是将转子制造成排出端直径大、吸入端直径小的锥形转子与圆柱形定子内孔相配合；另一种方法是将定子制造成排出端小、吸入端大的锥形内表面定子，与圆柱形转子外表面相配合。

1.4.4.6 建立基于产品数据管理系统的螺杆泵采油系统的 CAD/CAPP 软件包

我国各大油田甚至同一油田不同区块的工况环境和原油物性差异很大，为了有效地提高螺杆泵采油系统的使用寿命，在不同条件下，系统中各个部件的结构参数和工作参数都应有所不同，做到合理匹配，这突出反映在螺杆泵设计与制造技术上。例如，螺杆泵定子衬套的粘接、橡胶的硫化、定子转子接触副表面质量、结构尺寸精度与线形精度等对螺杆泵输出特性的影响规律及影响程度均不同。不同的井况，应该采用不同的材料配方和不同的工艺制造。下一步，首先要通过实践或总结先进国家的实验结果，建立最优寿命与影响因素综合关系模型，完善产品数据管理系统（PDMS），在此基础上构造螺杆泵采油系统的 CAD/CAPP 软件包，使设计与制造的速度与质量大幅度提高，有效地适应市场需求。

1.5　采油螺杆泵的转速控制及优化

1.5.1　采油螺杆泵转速控制的意义

在螺杆泵使用过程中，转速的确定尤为重要，合理的转速应当与油井的工况和螺杆泵的结构参数相匹配，并且根据泵效的变化适时地对其进行调整。如果转速选择不当，可导致油井抽空，烧泵问题发生；可使泵效下降；可缩短泵的经济使用寿命。

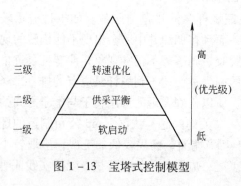

图 1-13　宝塔式控制模型

目前，人们根据潜油螺杆泵采油作业的控制需求分析结果，提出了转速的宝塔式控制模型，如图 1-13 所示。该模型分为三个控制层次，第一级为软启动，由变频器给出最佳启动频率控制电机软启动，在等于或略大于升速时间内，迅速使电机达到工作转速。第二级为供采平衡，根据供采平衡原则，当油井渗透率小于排量时，适当降低泵的转速，而当环空动液面接近临界烧泵警戒线时，报警或停机。第三级为转速优化，在正常工作区，根据最优速度控制模型调整泵的转速，以期达到泵的最佳经济使用寿命。

1.5.2　采油系统的软启动[1]

为了抵抗螺杆泵吸入端与输出端的巨大压差，保证一定的容积效率，新出厂的螺杆泵定子橡胶衬套与金属转子之间必须留有 0.4mm 左右的过盈量，加之在运转前定子和转子接触面之间的润滑缺陷，启动时摩擦阻力力矩很大。这时，电机的功率损耗是正常运转时的 1.3~2 倍。为了保护电机，防止启动电流过大，应该采用变频方式进行软启动。

1.5.2.1　启动频率的确定

异步电动机在工频下直接启动，其启动电流往往为额定电流的 5～7 倍，但启动转矩不大。在变频器调速中，采用软启动（低频启动）可以减小启动电流，通过力矩升高调整可以增加启动转矩，从而加快启动过程。

$$f_{max} = \frac{r_1 + r_2}{x_e}f_{1n} \tag{1-1}$$

式中　r_1，r_2——定子、转子电阻；

　　　　x_1，x_2——定子、转子漏感，$x_e = x_1 + x_2$；

　　　　f_{1n}——转差频率。

这个频率称为最佳启动频率，对一般电动机而言，此值大致在 12.5～25Hz 的范围内，超出此值，启动转矩都将小于其最大值。

1.5.2.2　升速过程

电机启动后，要使其加速，就必须连续提高频率，其过程如图 1-14 所示。从 n_1 升速到 n_3，即从 f_1 上升到 f_3，实际上是从工作点 1 沿箭头到点 2 再到 3，直至新的稳定运行状态。但是应当注意，频率增加的速度要与电动机的实际转速相适应，如果频率变化太快，例如从 f_1 突然上升到 f_3，电动机转速因惯性而未跟上，工作点将从点 1 移到点 4，对应的转矩为 M，则因 $M < M_L$（负载转矩），电动机就会停转。

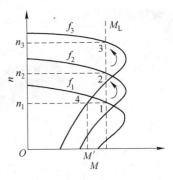

图 1-14　升速过程

升速过程所需要的时间为

$$\Delta t = \frac{GD^2}{375(M - M_L)}\Delta n \tag{1-2}$$

式中　Δn——转速增量；

　　　　G——螺杆所受轴向力；

　　　　D——螺杆泵转子直径。

式 (1-2) 表示，Δt 为在特定负载下所需的最小启动时间，小于这个时间就有不能启动的可能。

1.5.3　供采平衡[1]

1999 年 6 月在辽河油田莲花采油厂投入运行的一套机组仅仅 16 天就因为井液供应不足并缺乏监控而烧泵，一次损失 40 余万元，给企业带来严重的经济损失，由此可以看出供采平衡在转速控制方面的重要性。无论用户要求的日产量如何以及理论上优化的最佳转速结果如何，都必须服从泵的排液量小于等于油井的产液量这一前提条件，因此对油井动液面的测定就显得尤为重要。

1.5.3.1 油井动液面的测定

油井的动液面是动态变化的，而且受制因素复杂，目前人们采用两种方法确定这个参数，为转速控制提供依据。一是依据油井流入特性曲线（即 IPR 曲线）进行理论预测，二是采用定期的环空测量法或井底压力信号进行比较精确的井下液面测量来修正控制决策数据。

在理论预测计算中，涉及到的有关参数是采自一成不变的试井资料，依此计算的结果不能真实反映实际油井的供液能力。解决这个问题的办法主要有两种。

A 井底压力信号的实时采集

在螺杆泵井下机组的下端用螺栓连接一个传感装置，如图 1－15 所示，该装置内置压力传感器和温度传感器，对井况的实时测量，对系统可以做到实时在线监控和保护。

图 1－15 井下测温测压系统

B 油井动液面的环空测量法

环空测量法是采用一种声波测定器，测量从地面到油井中油套管环形空间中的液面距离。该测定器采用现代模拟数据技术，能获取并把声反射记录到记录仪纸带上。它采用了双通道设计，在低频率通道上读液面。在测取油管接箍时，则利用自动增益控制技术，减去从地面到液面的接箍计数，并记录到第二通道上。它还能选择接箍放大式和过滤式响应数，来读取剧烈的上接箍反射，或低压深井中下面的所有接箍。该测定器另一个特点是采用了双通道增益选择自动操作方式，能在声脉冲形成之前自动获取、处理噪音数据，还可预选真增益。

分析结果被打印到用于输入液面深度、套管压力和套管压力梯度的纸带上。油井含气时，可使用单独的计算机软件来确定井下压力。操作人员把油井数据输入到软件中，并通过程序计算井底流动压力、产量和最大生产能力。

1.5.3.2 螺杆泵井的节点分析方法

螺杆泵采油系统的节点分析方法就是将整个油井生产系统从地层到完井段，再到井筒及泵、管柱、直至井口装备和地面管线等，看作一个生产系统来研究，在稳定生产条件下分析流量与沿程压力的关系。如果选择泵吸入口为目标节点，流入节点和流出节点的质量流量相等，并且在节点上的压力是唯一的。在节点处，上、下部分的压力与产量的动态关系分别称为流入特性曲线和流出特性曲线。两曲线的交点就是油井在当前稳定生产条件下的协调点。交点的生产量就是协调产量。通过对影响协调点的敏感性参数进行分析，可选出最佳的协调点，从而指导螺杆泵采油井在合理工况下生产。

A　流入特性曲线

利用流入动态方程，绘制出相应的流入特性曲线。而泵吸入口压力：

$$P_{吸} = P_f - \Delta P_f \qquad\qquad (1-3)$$

式中　$P_{吸}$——泵吸入口压力，MPa；

　　　P_f——流压，MPa；

　　　ΔP_f——油层中部到泵吸入口的垂直管流压降，MPa。

当泵吸入口在油层中部时，$\Delta P_f = 0$；

当泵吸入口在油层上部时，$\Delta P_f > 0$；

当泵吸入口在油层下部时，$\Delta P_f < 0$。

对于一口特定的油井而言，产液量 Q 是井底流压 P_f 的函数，即 $Q = f(P_f)$。

B　流出特性曲线

流出特性是指油流从泵出口流到地面的动态特性。螺杆泵在井筒中的作用相当于一个增压泵，流体经过增压后，足以克服油管中的重力和沿程阻力到达地面。

实际排量 Q 为理论排量 Q_{th} 与泵效率 η 的乘积，即

$$Q = Q_{th} \cdot \eta \qquad\qquad (1-4)$$

$$\eta = \eta_V \cdot \eta_g \qquad\qquad (1-5)$$

式中　η_V——考虑泵漏失影响的泵效率，%；

　　　η_g——考虑气体影响的泵效率，%。

C　漏失效率 η_V

由室内模拟试验得知影响泵漏失的主要因素有以下几种。

(1) 工作压差 H（泵进出口压差）。螺杆泵是一种容积式泵，泵的漏失量直接受举升高度即工作压差影响。当 H 增加到极限时，泵的排量为零，即泵的排量全部漏失。最大工作压差取决于泵级数、定、转子间的过盈量、转子转速等因素。

(2) 定、转子间的过盈量。螺杆泵的工作原理决定了要保证泵有一定的泵效，必须是转子与定子表面的接触线充分密封。密封程度取决于转子和定子间的过盈量。所以过盈量的大小直接影响泵效的高低。室内试验发现过盈量增加0.2mm，最大工作压差可增加3.5MPa左右。

另外，转子转速的增加，举升介质黏度的增加，也能够有效地减少漏失、提

高泵效率。由于举升介质温度的增高，使得定子橡胶的热胀量增加，因而增大了定子、转子间的过盈量，所以能够明显提高泵效。

　　D　泵抽含气流体的泵效 η_g

　　虽然螺杆泵可以适应高气量油井开采，但气体能够明显降低泵效。气体对泵效率的影响可以通过游离气和溶解气对泵效的影响来求得：

$$\eta_g = \frac{f_W + (1 - f_W) B_0}{f_W + (1 - f_W) B_0 + (1 - f_W)(R_p - R_s) \cdot B_g \cdot C_f} \tag{1-6}$$

$$C_f = \frac{P_a^{\frac{2}{3}} v_{sl}^{\frac{1}{2}} B_0}{B_g (R_p - R_s)} \tag{1-7}$$

$$v_{sl} = \frac{Q[f_W + (1 - f_W) B_0]}{\pi (D_c^2 - D_s^2)} \tag{1-8}$$

式中　Q——理论排量，m^3/d；

　　　　η_g——考虑气体影响和泵漏失影响的泵效率；

　　　　P_a——泵出口压力，MPa；

　　　　B_0——原油体积系数；

　　　　B_g——气体体积系数；

　　　　R_s——溶解油气比，m^3/m^3；

　　　　R_p——生产油气比，m^3/m^3；

　　　　f_W——含水率，%；

　　　　v_{sl}——液体表观流速，m/s；

　　　　D_c——套管内径，mm；

　　　　D_s——筛管外径，mm。

　　显然，排量 Q 是工作压差 ΔP 的函数，即

$$Q = f(P_{吸})$$

而泵出口压力 P 又是排量 Q 的函数，或根据上节中所给公式确定

$$P = f(Q)$$

对于流出特性而言，排量 Q 是泵吸入口压力 $P_{吸}$ 及 P_f 的隐函数，即

$$Q = f_1(P_{吸}, Q) = f_2(P_f, Q)$$

　　根据上式可计算 $Q - P_f$ 关系，绘制出流出特性曲线。将上面得到的流入特性曲线与流出特性曲线绘在同一图上，两曲线交点就是油井在当前稳定生产条件下的协调点，交点的产量就是协调产量，流压既是协调流压。

1.5.3.3　供采匹配协调原则

　　将 IPR 曲线、井筒内压力分布曲线以及压力与容积效率关系曲线合并处理后，绘制在一个图上，如图 1-16 所示。综合这三条曲线，建立联立方程可求解其中参数。图中，L 轴为油管深度；P 轴为井底流压及垂直管压力；Q 轴是油层

产量及泵的排量，P 轴是三条曲线的公用轴。由于 P 轴及 Q 轴的公用，给三条曲线建立方程关系创造了条件。

求解时，依据下面四个协调条件，如图 1-16 所示。

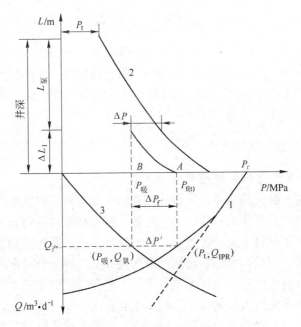

图 1-16　井、泵参数选择协调原理
1—IPR 曲线；2—H-P_t 曲线；3—$P_{吸}$-η 曲线

（1）$P_{f(IPR)} = P_{f(t)}$，即油井渗流特性曲线上的流压，等于垂直管流曲线上的井底流压（A 点）。

（2）$P_{沉} = P_{吸}$，即垂直管流曲线泵口处的压力等于泵抽曲线上的吸入口压力（B 点）。

（3）$\Delta P_f' = \Delta P'$，即泵吸入口到油层中部这段液柱在正常生产条件下产生的压力降，必须等于渗流特性曲线上的流压与泵吸入口处（A—B）的压力差。

（4）$Q_{(IPR)} = Q_{泵}$（C 点），$Q_{(IPR)}$ 为地层产液量体积，$Q_{泵}$ 为泵抽排液量体积，即两液量必须相等。

井必须满足以上四个协调条件才能正常生产，而生产稳定的井，必然满足上述条件，若暂时不满足，很快会自动协调到工作点（即协调点）。

1.5.3.4　供采平衡下电机输入功率的设计准则

泵吸入口压力（$p_{吸}$）是环空动液面到泵入口的液柱静压（p_h）与套压（p_c）之和，于是得到：

$$p_h = p_{吸} - p_c = \rho \cdot h \times 10^{-9} \tag{1-9}$$

式中 ρ——液体密度，N/m^3；

h——环空动液面至螺杆泵入口的距离，m。

这样，便可以确定

$$h = \frac{p_{吸} - p_c}{\rho} \times 10^9 \, m \qquad (1-10)$$

我们规定：当 $h \geq 200m$：$n_{实际} = n$；$100m \leq h < 200m$：$n_{实际} = n \times 90\%$；$50m \leq h < 100m$：$n_{实际} = n \times 70\%$；$h < 50m$：报警或停机。实际应用过程中，实测的 $p_{吸}$ 与计算得到的 $p_{吸} = p_{wf} - \Delta p_f$ 以及环空测量得到的动液面高度 h 每隔一段时间进行一次对比校正。

1.5.4 采油螺杆泵的转速优化

1.5.4.1 采油螺杆泵转速优化的意义

决定螺杆泵经济使用寿命的因素有油井的工况参数，包括泵两端的压差、原油黏度、含砂量、井下原油温度、油气比等；有螺杆泵自身物理和几何参数，包括泵的转子和定子材料、定子过盈量、泵的级数等；最后还受制于螺杆泵的机械效率和容积效率。因此，可以看出螺杆泵的失效是一种十分复杂的现象，它不仅取决于螺杆泵自身的性质，而且还是一个具有时变特征的渐进动态过程，同时还受到所在环境中多发面因素的相互影响和相互作用。

为了使螺杆泵获得良好的经济使用寿命，必须针对实时工况对螺杆泵转速进行实时调节，实现螺杆泵转速的优化。将上述影响因素融合到一起，建立一个融合多参数于一体的最优转速匹配模型，适时、适量地调整转速，减缓螺杆泵定转子的磨损失效，提高螺杆泵的排量，从而获得螺杆泵的最佳经济使用寿命。

1.5.4.2 采油螺杆泵转速优化研究现状

2005 年，InterReP 公司研制了一种螺杆泵优化系统，不需要井下传感器和电缆而直接对地面装置的模拟输入值进行分析，提供适合螺杆泵的最佳运行标准。该优化系统将实时模拟数据（例如杆柱重量、转速、电流强度等）传送到地面驱动系统与新程序之间的通信单元，利用程序中的人工智能或专家系统方法对模拟输入数据进行分析，进而调整转速来实现对地面驱动系统的控制，达到螺杆泵高效节能的目的[20]。

同年，Schlumberger 公司开发了 Axia 举升服务系统，如图 1-17 所示。该系统是一种终端服务系统，目的是提高潜油螺杆泵的产量并且降低生产成本。它利用对油井工况信息和潜油螺杆泵运行实时数据的监测和控制，评估提高产量的方式。实际应用结果表明，Axia 服务系统提高了野外作业效率，降低了系统成本，增加了油田产量，实现了潜油螺杆泵采油系统的整体优化[21]。

美国 Bakerhughes 公司、英国 Phoenix 公司根据井下压力、温度传感器和井

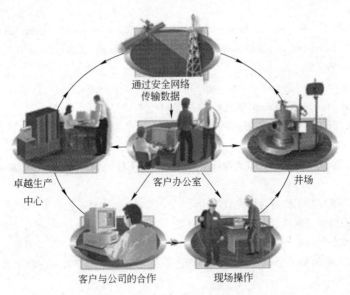

图 1 - 17　Axia 举升服务系统示意图

上流量传感器采集的信号与某些理论计算值，如螺杆泵的出口压力（discharge pressure）、井底流压等相融合，相互补充，建立最佳转速模型，据此由智能控制系统控制变频器的输出频率，微调电机转速，在保证供采平衡的前提下追求螺杆泵的最佳经济使用寿命[22]。

在国内方面，沈阳工业大学机械传动研究所从 2005 年起就对采油螺杆泵转速优化开展研究。李聪采用人工神经网络技术建立了螺杆泵转速与其主要影响因素之间的非线性映射关系，不仅有效地减少衬套的磨损，而且能够获得稳定且较高的工作效率[23]。吴春兰建立了螺杆泵转子转速的优化数学模型，结合变频器和可编程控制器对转速进行优化，以实现螺杆泵的高效节能[24]。沈立伟对螺杆泵转速的影响因素进行分析，采用人工神经网络技术建立优化模型，并用变频调速的方法控制电机转速，提高螺杆泵使用寿命[25]。

近年来，人工智能技术的发展，为解决螺杆泵转速优化模型的构建和优化测试系统的开发提供了新的途径，沈阳工业大学机械传动研究所对此进行了深入的研究，自主开发了采油螺杆泵转速优化平台和螺杆泵转速优化试验平台，在油田得到了很好的应用。

参 考 文 献

[1] 王世杰，李勤．潜油螺杆泵采油技术及系统设计［M］．北京：冶金工业出版社，2006.
[2] 张连山．螺杆泵采油系统技术发展现状与动向研究［J］．石油机械，1994，22（1）：

46～50.

［3］ Beauquin J L, Boireau C, Lemay L, et al. Development status of a metal progressing cavity pump for heavy – oil and hot – production wells ［J］. Journal of Petroleum Technology, 2006, 58 (5): 59～61.

［4］ Klein Steven. Development of composite progressing cavity pumps ［J］. Proceedings of the Annual Southwestern Petroleum Short Course, 2003, 4: 74～78.

［5］ 黄有泉, 何艳, 曹刚. 大庆油田螺杆泵采油技术新进展 ［J］. 石油机械, 2003, 31 (11): 65～69.

［6］ 廖开贵, 李允, 陈次昌. 采油螺杆泵研发新进展 ［J］. 国外油田工程, 2006, 22 (10): 41～43.

［7］ 魏纪德. 螺杆泵工作特性研究及应用 ［D］. 黑龙江: 大庆石油学院, 2007.

［8］ 申亮. 地面驱动螺杆泵工况诊断技术研究 ［D］. 北京: 中国石油大学, 2011.

［9］ 熊希. 地面驱动螺杆泵采油系统优化设计 ［D］. 湖北: 长江大学, 2012.

［10］ 管延收. 电潜螺杆泵采油系统的理论研究与应用分析 ［D］. 北京: 中国石油大学, 2008.

［11］ 孔倩情. 电动潜油螺杆泵工况诊断方法研究 ［D］. 北京: 中国石油大学, 2008.

［12］ 齐振林. 螺杆泵采油技术问答 ［M］. 北京: 石油工业出版社, 2002.

［13］ 李玲芳, 王改良, 李继康. 国外电动潜油螺杆泵的应用 ［J］. 国外石油机械, 1998, 9 (6): 30～34.

［14］ 孙昆, 高磊, 姬文瑞. 螺杆泵采油技术在永宁油田低渗透油藏的应用 ［N］. 延安大学学报 (自然科学版), 2012, 31 (3): 103～105.

［15］ 李登金, 邵泽恩, 张祖峰. 大排量螺杆泵采油技术在高含水油田的应用 ［N］. 资源节约与环保, 2009, 3: 49～51.

［16］ 盛国富. 国外螺杆泵举升工艺的新进展 ［J］. 国外石油信息, 2004, 20 (10), 12.

［17］ James F L, Herald W W. What's new in artificial lift. Part 1 – Fourteen new systems for beam, progressing – cavity, plunger – lift pumping and gas lift ［J］. World Oil, 2003, 224 (4): 75.

［18］ 曹刚, 刘合, 黄有泉, 等. 国外螺杆泵举升工艺的新进展 ［J］. 石油机械, 2004, 32 (3): 54～55.

［19］ 张松甫, 王亚华, 张树人. 螺杆泵及新型组件的新进展 ［J］. 石油机械, 2005, 33 (3): 73～74.

［20］ Lea James F, Winkler Herald W. What's new in artificial lift ［J］. World Oil. 2005, 226 (5): 31～32.

［21］ Lea James F, Winkler Herald W. What's new in artificial lift ［J］. World Oil. 2005, 226 (5): 35～36.

［22］ Lea James F, Winkler Herald W. What's new in artificial lift ［J］. World Oil. 2009, 230 (5): 77～85.

［23］ 李聪, 王世杰, 方芳, 等. 基于 ANN 的 ESPCP 系统转子转速调控技术研究 ［J］. 机电

产品开发与创新．2005，18（z1）：102～104．

[24] 吴春兰．潜油螺杆泵采油系统转子转速的机电调控技术研究［D］．沈阳：沈阳工业大学，2005．

[25] 沈立伟．多因素耦合作用下 ESPCP 系统控制方法研究［D］．沈阳：沈阳工业大学，2009．

2 单螺杆泵理论基础与选型设计

螺杆泵转速优化是在对螺杆泵工作原理、机械结构、力学、运动学、功率和效率等方面详细了解和掌握的基础上进行的，为此本章将主要介绍单螺杆泵的理论基础与选型设计。

2.1 单螺杆泵的工作原理

单螺杆泵的单螺杆如同螺旋输送机的螺旋桨，如图 2－1 所示，它在棱线转动时起着推挤油液前移的作用。为了使单螺杆能有效地推挤油液前移，给出一定的排量和压头，必须设计具有内螺旋面的专门衬套，它和单螺杆配合，既在轴向把油流分割开来，又在径向把油流一分为二。所以，在每个螺杆－衬套副中，螺杆是单线螺旋面，衬套内表面是双线螺旋面，两者旋向相同，同为右旋或左旋。

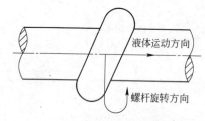

图 2－1 单螺杆泵作用原理

螺杆的任意断面都是半径为 R 的圆，如图 2－2 所示。整个螺杆的形状可以看作由很多半径为 R，厚度趋近于零的圆盘组成，不过这些圆盘的中心 O_1 以偏心距 e 绕着螺杆自身的轴线 $O_2 - Z$，一边旋转，一边按一定的螺距 t 向前移动。

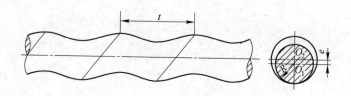

图 2－2 泵的螺杆

衬套的断面轮廓是由两个半径为 R（等于螺杆断面半径）的半圆和两个长为 $4e$ 的直线段组成的长圆形，如图 2－3 所示。衬套的双线内螺旋面就是由上述断面绕衬套的轴线 $O - Z$ 旋转的同时，按一定的导程 $T = 2t$ 向前移动所形成的。

当螺杆在衬套中的位置不同时，它们的接触点是不同的。螺杆断面位于衬套长圆形断面的两端时，螺杆和衬套的接触为半圆弧线，而在其他位置时，螺杆和

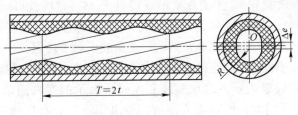

图 2-3 泵的衬套

衬套仅有 a、b 两点接触，如图 2-4 所示。由于螺杆和衬套是连续啮合的，这些接触点就构成了空间密封线，在衬套的一个导程 T 内形成一个密封腔室。这样一来，沿着单螺杆泵的全长，在衬套内螺旋面和单螺杆表面间形成一个个密封腔室。当单螺杆转动时，螺杆－衬套副中靠近吸入端的第一个腔室的容积增加，在它和吸入端的压力差作用下，油液便进入第一个腔室。随着单螺杆的转动，这个腔室开始封闭，并沿着轴向向排出端移动。密封腔室在排出端消失，同时在吸入端形成新的密封腔室。由于密封腔室的不断形成、推移和消失，使油液通过一个个密封腔室，从吸入端挤到排出端，压力不断升高，流量非常均匀。

为了进一步说明单螺杆泵中密封腔室的形成、推移和消失的特点，如图 2-5a 所示，沿衬套的轴线，每隔一定距离，将螺杆－衬套副一个断面一个断面地剖开，再将每个断面的衬套长轴沿泵轴线方向相互平行排列，使断面上的 A

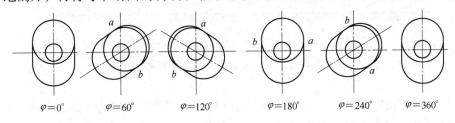

$\varphi=0°$ $\qquad$ $\varphi=60°$ $\qquad$ $\varphi=120°$ $\qquad$ $\varphi=180°$ $\qquad$ $\varphi=240°$ $\qquad$ $\varphi=360°$

a

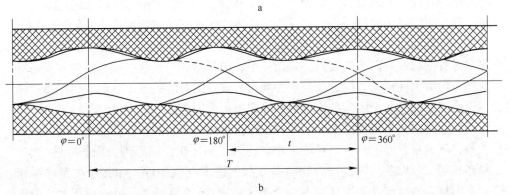

$\varphi=0°$ $\qquad$ $\varphi=180°$ $\qquad$ $\varphi=360°$

b

图 2-4 螺杆－衬套副的密封线和密封腔室

点（位于衬套螺旋线 A—A 上的点）形成直线 A—A，这样就得到了平面展直图，如图 2-5b 所示，它表明了沿衬套螺旋线 A—A 的螺杆-衬套间密封腔室在泵轴线方向上的变化特点。现在使螺杆转动一个角度，对于任意一个断面来说，随着螺杆的转动，螺杆断面中心在衬套断面中做往复运动，螺杆在衬套中的新位置在图 2-5b 中用虚线来表示。对比实线和虚线所表示的螺杆图形，就可以看出：吸入端腔室 f 有所增大，因而吸入油液；排出端腔室 a 有所减少，因而排出油液；密封腔室 e、d、c、b 从吸入端连续地一个接着一个地向排出端推移。

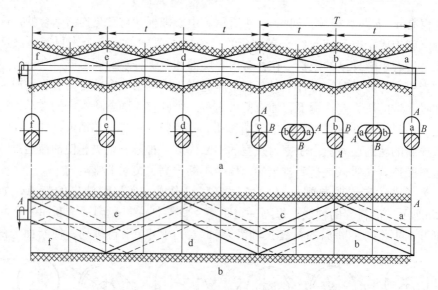

图 2-5　螺杆-衬套副沿衬套轴线方向的密封腔室变化过程

在设计或使用螺杆泵之前，必须明确螺杆泵的螺旋方向（左旋或右旋）、单螺杆轴的转向（顺时针或逆时针）和油液的流向三者之间的关系。如图 2-1 所示，我们可以制定这样一条左右手判定法则：单螺杆的螺旋旋向为左旋时，伸出右手，四指指向为单螺杆轴的转向，大拇指所指方向则为油液流动方向；反之，当单螺杆的螺旋旋向为右旋时，伸出左手，四指指向为单螺杆轴的转向，大拇指所指方向为油液流动方向。按照这种判定方法中的对应关系，旋向、转向和流向三个因素中任意两个因素的组合都会确定第三个因素。

应该指出，单螺杆泵实际上综合了柱塞泵和离心泵的工作特点：在不同的压头条件下流量改变很小，而且流量非常均匀，加之在作用原理方面的一些特点，给砂、蜡、气以及高烃链聚合物的携带都创造了有利条件。和其他类型的泵相比，螺杆泵的运动件很少（只有一个单螺杆），流道简而短，过流面积大，油流扰动小，使它能在高黏度原油中以较高的效率、较高的可靠性工作。

2.2 单螺杆泵的流量计算与基本参数确定

2.2.1 单螺杆泵的流量计算公式

当螺杆泵转动一周（2π）时，封闭腔中的液体将沿 z 轴（螺杆泵几何中心线）移动的距离为 $T=2t$。在任意横截面内，液体占有的面积为衬套截面积与螺杆截面积之差，即：$4e \times 2R = 8eR = 4eD$，因此，螺杆每转一周，泵的理论排量 q 为

$$q = 4eDT \times 10^{-9} \tag{2-1}$$

泵的理论排量与转速成正比，即：

$$Q_{th} = 1440 \times 4eDTn \times 10^{-9} \tag{2-2}$$

式中　Q_{th}——泵的理论排量，m^3/d；

　　　　q——螺杆泵（转子）每转一周的理论排量，m^3；

　　　　e——泵的偏心距，现有结构的单螺杆泵中偏心距的变化范围从 $1 \sim 8mm$；

　　　　D——螺杆泵转子直径，$D=2R$，mm；

　　　　T——定子导程，$T=2t$，mm；

　　　　n——螺杆泵转子转速，r/min。对于潜油螺杆泵采油系统用电机，目前有 3000r/min 和 1500r/min 两种转速。生产试运行表明，采用 1500r/min 的潜油电机对潜油螺杆泵采油系统在井下的工作更有利，通过 3：1 ~ 16：1 的减速器降至 500 ~ 120r/min 工作转速范围。

单螺杆泵的实际排量为

$$Q = Q_{th} \cdot \eta_v = \frac{4eDTn}{60} \eta_v \tag{2-3}$$

式中　η_v——单螺杆泵的容积效率，%。初步计算时，对于具有过盈值的螺杆－衬套副，取 $\eta_v = 0.8 \sim 0.85$，对于具有间隙值的螺杆－衬套副，取 $\eta_v = 0.75$。

实际工作中，这种计算结果是要经常与流量计测得的结果进行比较的。由公式（2-2）可以看出，单螺杆泵的理论排量或实际排量与 e、D、T 和 n 四个参数有关。对现有单螺杆泵结构和现场使用情况的分析表明，e、D 和 T 三者之间存在着一定的联系，只有在这三个参数维持一定比值的前提下，才能确保单螺杆泵长期高效率工作。当潜油螺杆泵采油系统用于小排量、高压头的工况下，可推荐取下列比值：

$$2 \leqslant \frac{T}{D} \leqslant 2.5, \ 28 \leqslant \frac{T}{e} \leqslant 32$$

2.2.2 单螺杆泵基本尺寸的确定

以 $k = \dfrac{T}{D}$，$m = \dfrac{T}{e}$ 代入式（2-3），换算后得

$$D = \sqrt[3]{\frac{15mQ}{k^2 n\eta_v}} \qquad\qquad (2-4)$$

$$T = \sqrt[3]{\frac{15mkQ}{n\eta_v}} \qquad\qquad (2-5)$$

$$e = \sqrt[3]{\frac{15kQ}{m^2 n\eta_v}} \qquad\qquad (2-6)$$

为了保证单螺杆泵给出一定的流量 Q，首先应确定 e、D 和 T 三个参数值。因为这三个参数值之间存在一定的比例关系，所以只要取一个参数值作为计算基础即可。对于采油用单螺杆泵，一般把螺杆断面直径 D 作为计算基础，因为它受到油井直径的限制。确定螺杆断面直径 D 以后，再计算螺杆的偏心距 e 和衬套的导程 T。

根据泵流量 Q 的要求计算出 D、e 和 T 以后，再按照泵压头 H 的要求确定螺杆-衬套副的长度或衬套工作部分的长度 L。

衬套工作部分的长度 L 可由下式确定：

$$\Delta p \cdot \frac{L}{T} = \rho g H \qquad\qquad (2-7)$$

由上式得

$$L = \frac{\rho g H T}{\Delta p} \qquad\qquad (2-8)$$

式中 ρ——液体的密度，N/m^3；

　　　g——重力加速度，m/s^2；

　　　Δp——衬套单个导程的压力梯度，Δp 的正确选择直接影响螺杆-衬套副的
　　　　　效率和寿命。对于高压单螺杆泵（排除压力在 3~7MPa 以上），Δp
　　　　　可选择在 0.5~0.7MPa 范围内。

试验表明，单螺杆泵压力随衬套长度的变化规律几乎成线性正比例关系。为了满足形成一个完整密封腔室的要求，衬套的最小长度必须大于一个导程，一般取 $L = 1.25T$。增加衬套的长度（或导程数）可以显著地提高单螺杆泵的压头和效率。图 2-6 中给出了当衬套的长度为 3、8 和 13 个导程数时单螺杆泵效率随排出压力的变化曲线。从图中可以看出，曲线 3 的方案最好，可作为高压单螺杆泵衬套长度选择时的参考。目前国内外生产用于采油用的单螺杆泵的衬套长度一般取 14 到 23 个导程数。

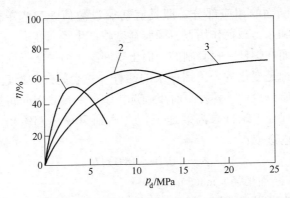

图 2 - 6　对应不同衬套长度时单螺杆泵的效率随排出压力变化曲线
1—衬套长 3T；2—衬套长 8T；3—衬套长 13T（T—衬套一个导程的长度）

衬套的橡胶材料必须根据抽汲油液的性质和泵的工作条件来选取，如抽汲油类、弱酸和碱等介质，可用丁腈橡胶作衬套材料；要求在高耐磨、高强度和耐油、耐苯等条件下工作时，则可选取聚氨酯橡胶作衬套材料。衬套橡胶的物理力学性能可参考表 2 - 1 中的规定。

表 2 - 1　衬套橡胶的物理力学性能

项　目				数　值
邵尔 A 型硬度				65 ± 2
拉伸强度/MPa				$\geqslant 12$
扯断伸长率/%				$> 500 \pm 50$
压缩永久变形/%				$\leqslant 20$
撕裂强度/kN・m^{-1}				$35 \sim 50$
阿克隆磨耗/cm^3・$(1.61$km$)^{-1}$				$\leqslant 0.15$
老化系数（90℃，24h）				$\geqslant 0.8$
300% 拉伸强度/MPa				$\geqslant 0.85$
耐溶胀性能	体积变化率	汽油 + 苯（3:1）（常温 ×24h）	%	<20
		10 号柴油（90℃ ×24h）	%	<2.7
	重量变化率	10 号柴油（90℃ ×24h）	%	<1.8

注：衬套橡胶与金属壁黏合的 90℃剥离强度不低于 16kN/m；在黏合界面破坏后，金属件的附胶率不少于黏合面的 70%。

实践证明，为了保证单螺杆泵有效工作，沿螺杆和衬套表面的接触线必须保证足够的密封性。一般采用下述方法：使螺杆的一个或几个尺寸（通常是断面尺寸）大于衬套断面的相应部分，即具有初始过盈值 δ_0。当单螺杆泵工作时，在螺杆的惯性力和水力载荷作用下，橡胶衬套将产生径向变形，使螺杆在断面方面产生位移，因而在螺杆 - 衬套副的一面出现间隙，另一面仍维持过盈，而且它们的大小和长度都是变化的。单螺杆泵的螺杆 - 衬套副的初始过盈值 δ_0 对泵的效率影响很大，所以设计单螺杆泵时正确选择螺杆 - 衬套副的间隙或过盈值是非常重要的。为了保证单螺杆泵高效地工作（达到 70% ~ 75%），初始过盈值 δ_0 建议在下列范围内选取：

$$\delta_0 = (0.02 \sim 0.03)R \tag{2-9}$$

式中　R——螺杆断面半径，mm。

应该指出，为了提高螺杆 - 衬套副的效率和寿命，必须先在实验室中进行试验，同时采取专门措施以改善沿衬套长度的压力分布。实际上，衬套工作部分的长度 L 往往受到制造工艺条件的限制。在确定单螺杆泵的基本尺寸时，一般利用几个方案进行对比，经过多次反复的修正计算，再选择最优的方案。在确定了 e、D、T 和 L 以后，便可进行螺杆和衬套型线的计算和绘图。

2.3　单螺杆泵定转子型线方程式

2.3.1　螺杆的轴向型线及其方程式

图 2 - 7 给出了确定螺杆表面型线方程式的简图。利用两个坐标系：动坐标系 $X_1 O_1 Y_1$ 和螺杆任意断面 z 的中心 O_1 相连，方向保持一定；定坐标系 $X O_2 Y$ 和螺杆本身轴线中心 O_2 相连，$O_2 Z$ 为螺杆本身轴线。螺杆任意断面都是半径为 R 的圆，从螺杆断面中心 O_1 到螺杆本身轴线中心 O_2 的距离为偏心距 e。

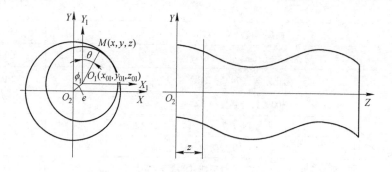

图 2 - 7　确定螺杆表面型线方程式的简图

如图 2 - 7 所示，假设螺杆工作表面上任一点 M 在动坐标系 $X_1 O_1 Y_1$ 中的位置为 x_1、y_1、z_1，螺杆断面中心 O_1 点在定坐标系 $X O_2 Y$ 中的位置为 x_{01}、y_{01}、z_{01}，那么 M 点在定坐标系中的位置 x、y、z，可用角 θ 和 ϕ_1 的函数来表示：

$$
\left.
\begin{aligned}
x &= x_1 + x_{01} = R\sin\theta + e\sin\phi_1 \\
y &= y_1 + y_{01} = R\cos\theta + e\cos\phi_1 \\
z &= z_1 = z_{01} = \frac{t}{2\pi}\phi_1
\end{aligned}
\right\}
\tag{2-10}
$$

式中 θ——M 点和动坐标系原点 O_1 的连线对动坐标系 O_1Y_1 轴的转角，$(°)$；

$\quad\quad\phi_1$——动坐标系原点 O_1 和定坐标系原点 O_2 的连线对定坐标系 O_2Y 轴的转角，$(°)$；

$\quad\quad t$——螺杆的螺距，mm。

式（2-10）即为螺杆曲面的参数方程式，θ 和 ϕ_1 为参变量。

现在先消去参变量 ϕ_1，用式（2-10）中的 $z = \dfrac{t}{2\pi}\phi_1$，得 $\phi_1 = \dfrac{2\pi z}{t}$，将它代入式（2-10）中的 x 和 y 表达式，得

$$
\left.
\begin{aligned}
x &= R\sin\theta + e\sin\frac{2\pi z}{t} \\
y &= R\cos\theta + e\cos\frac{2\pi z}{t}
\end{aligned}
\right\}
\tag{2-11}
$$

将式（2-11）移项后，两端各自平方，成为

$$
\left.
\begin{aligned}
\left(x - e\sin\frac{2\pi z}{t}\right)^2 &= R^2\sin^2\theta \\
\left(y - e\cos\frac{2\pi z}{t}\right)^2 &= R^2\cos^2\theta
\end{aligned}
\right\}
\tag{2-12}
$$

式（2-12）中两式的等号两端相加，就可消去参变量 θ，得到下面的螺杆曲面方程式：

$$
\left(x - e\sin\frac{2\pi z}{t}\right)^2 + \left(y - e\cos\frac{2\pi z}{t}\right)^2 = R^2
\tag{2-13}
$$

为了求得螺杆的轴向型线，即实际绘图时所用的平面曲线，要用轴向平面 YO_2Z 沿螺杆轴线剖开，即令式（2-13）中的 $x = 0$，简化得

$$
y = \pm R\sqrt{1 - \left(\frac{e}{R}\sin\frac{2\pi z}{t}\right)^2} + e\cos\frac{2\pi z}{t}
\tag{2-14}
$$

式（2-14）为单螺杆曲面和 YO_2Z 平面的交线方程式。如果以此曲线绕螺杆本身轴线 O_2Z 作螺距为 t 的螺旋运动，就可形成螺杆的曲面，所以式（2-14）所表示的曲线就是螺杆的轴向型线，式（2-14）就是螺杆的轴向型线方程式。

设计单螺杆泵时，根据实际流量要求和有关计算公式，就可得出螺杆的基本尺寸 R、t 和 e；将其代入螺杆型线方程式（2-14），对于不同的 z 值（变化间隔尽量小），用列表法计算出相应的 y 值，绘出螺杆的轴向型线，也就是实际绘

图时所用的平面曲线。

2.3.2 衬套的轴向型线及其方程式

图 2-8 中给出衬套的断面轮廓。利用两个坐标系统：动坐标系 X_1OY_1 和衬套断面中心 O 相连，它的 OY_1 轴和 OX_1 轴分别与衬套长圆形断面的长轴和短轴相重合，随着衬套断面沿着 OZ 轴（在图上未给出）旋转而转动；定坐标系 XOY 也和衬套断面中心相连，方向维持不变。在图 2-8 中动坐标系 X_1OY_1 和定坐标系 XOY 重合。

由图 2-8 可见，衬套断面对 OY 轴和 OX 轴都是对称的，所以为了求得衬套的型线方程式，只要建立曲线 BCD 的曲面方程式即可。又因为曲线 BCD 是由圆弧段 BC 和直线 $\overline{CD}$ 两部分组成，所以为了建立曲线 BCD 的曲面方程式，实际上只要求出圆弧段 BC 和直线段 $\overline{CD}$ 两部分的曲面方程式即可。

如图 2-9 所示，在曲线 BCD 上有一 N 点，它的轨迹从 B 点到 D 点，在定坐标系 XOY 中 N 点位置所对应的 ϕ 角从 $0°$ 变化到 $\dfrac{\pi}{2}$。而在圆弧段 BC 上 N 点轨迹所对应的 ϕ 角为 $0° \sim \arctan \dfrac{R}{2e}$，在直线段 $\overline{CD}$ 上 N 点轨迹所对应的 ϕ 角为 $\arctan \dfrac{R}{2e} \sim \dfrac{\pi}{2}$。现在假设衬套断面顺时针转动一个 ϕ 角，即动坐标系 OY_1 轴和定坐标系 OY 轴的交角为 ϕ，如图 2-9 所示，此断面相当于距图 2-8 所示初始位置为 z 处的衬套断面。

下面分别求出圆弧段 BC 和直线段 $\overline{CD}$ 所形成的衬套曲面方程式。

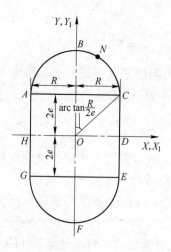

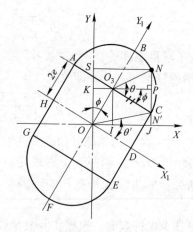

图 2-8 衬套的断面轮廓   图 2-9 衬套断面顺时针转一个 ϕ 角

2.3.2.1 圆弧段 BC 所形成的衬套曲面方程式

在图 2-9 所示的圆弧段 BC 上任一点 N 在定坐标系中的位置 x、y、z，可用下列方程式来表示：

$$x = OI + IJ$$

利用 $\triangle OO_3K$，得 $OI = 2e\sin\phi$；再利用 $\triangle O_3PN$，得 $IJ = O_3P = R\cos(\theta - \phi)$，其中 θ 为 N 和 O_3 的连线与动坐标系 X_1OY_1 横坐标轴的 OX_1 夹角。

$$\left.\begin{aligned} x &= 2e\sin\phi + R\cos(\theta - \phi) \\ y &= OK + KS = IO_3 + PN = 2e\cos\phi + R\sin(\theta - \phi) \\ z &= \frac{T}{2\pi}\phi \end{aligned}\right\} \quad (2-15)$$

式中　　　　　　　　　　　$0° \leqslant \phi \leqslant \arctan\dfrac{R}{2e}$

式（2-15）是圆弧段 BC 所形成的衬套曲面的参数方程式，其中 θ、ϕ 为参变量。消去参变量，就可以得到圆弧段 BC 所形成的衬套曲面方程式

$$\left(x - 2e\sin\frac{2\pi z}{T}\right)^2 + \left(y - 2e\cos\frac{2\pi z}{T}\right)^2 = R^2 \quad (2-16)$$

为了得到这段衬套和 YOZ 平面的交线，即用 YOZ 平面剖切这段衬套得到其轴向曲线，这时只需使式（2-16）中的 $x = 0$，化简得

$$y = R\sqrt{1 - \left(\frac{2e}{R}\sin\frac{2\pi z}{T}\right)^2} + 2e\cos\frac{2\pi z}{T} \quad (2-17)$$

式中　　　　　　　　　　　$0° \leqslant \phi \leqslant \arctan\dfrac{R}{2e}$

2.3.2.2 直线段 $\overline{CD}$ 形成的衬套曲面方程式

在图 2-9 所示的直线段 $\overline{CD}$ 上任一点 N′在定坐标系中的位置 x′、y′、z′，可用下列参数方程式来表示：

$$\left.\begin{aligned} x' &= ON' \cdot \cos(\theta' - \phi) = \frac{R}{\cos\theta'} \cdot \cos(\theta' - \phi) \\ y' &= ON' \cdot \sin(\theta' - \phi) = \frac{R}{\cos\theta'} \cdot \sin(\theta' - \phi) \\ z' &= z = \frac{T}{2\pi}\phi \end{aligned}\right\} \quad (2-18)$$

这时　　　　　　　　　　　$\arctan\dfrac{R}{2e} \leqslant \phi \leqslant \dfrac{\pi}{2}$

式中　θ'——ON′线和动坐标系 X_1OY_1 的横坐标轴 OX_1 的夹角，（°）。

消去式（2-18）中的参变量 θ' 和 ϕ，就可以得到直线段 $\overline{CD}$ 形成的这段衬套曲面方程式

$$x' - y'\tan\frac{2\pi z}{T} - R\cos\frac{2\pi z}{T} - R\sin\frac{2\pi z}{T}\tan\frac{2\pi z}{T} = 0 \qquad (2-19)$$

在式（2-19）中令 $x' = 0$，即可得出由直线段 $\overline{CD}$ 形成的这段衬套的轴向曲线方程式

$$y' = -R\left(\frac{\cos\dfrac{2\pi z}{T}}{\tan\dfrac{2\pi z}{T}} + \sin\frac{2\pi z}{T}\right) \qquad (2-20)$$

$$= -R\left(\frac{\cos^2\dfrac{2\pi z}{T} + \sin^2\dfrac{2\pi z}{T}}{\sin\dfrac{2\pi z}{T}}\right) = -\frac{R}{\sin\dfrac{2\pi z}{T}}$$

式中
$$\arctan\frac{R}{2e} \leqslant \phi \leqslant \frac{\pi}{2}$$

综合式（2-17）和式（2-20），就可给出由圆弧段 $\overparen{BC}$ 和直线段 $\overline{CD}$ 两部分形成的衬套轴向曲线方程式，即衬套的轴向型线方程式

$$\left.\begin{aligned}
&y = R\sqrt{1 - \left(\frac{2e}{R}\sin\frac{2\pi z}{T}\right)^2} + 2e\cos\frac{2\pi z}{T} \\
&\text{当 } 0 \leqslant \phi \leqslant \arctan\frac{R}{2e}\text{时；} y' = \frac{-R}{\sin\dfrac{2\pi z}{T}} \\
&\text{当 } \arctan\frac{R}{2e} \leqslant \phi \leqslant \frac{\pi}{2}\text{时；} z = \frac{T}{2\pi}\phi
\end{aligned}\right\} \qquad (2-21)$$

设计单螺杆泵时，根据所求得的螺杆－衬套基本尺寸 R、T（$T = 2t$）和 e 值，按照不同的 ϕ 角变化范围，代入式（2-21），求出 y 或 y'；再利用 y 或 y' 和 z 值，绘出衬套内表面的轴向型线。图 2-10 中给出当 ϕ 角从 0°到 2π 时衬套的轴向型线。由图可见，衬套的轴向型线实际上由两段不同曲线 $y-z$ 和 $y'-z$ 根据衬套断面轮廓的要求分别构成。

在单螺杆泵的螺杆－衬套副中，正如上述，螺杆为单线螺旋线，它的螺距为 t，而衬套为双线螺旋线，它的导程为 T，因此 $T = 2t$。对于相同的 z 值，螺杆的 $z = \frac{t}{2\pi}\cdot\phi_1$，而衬套的 $z = \frac{T}{2\pi}\cdot\phi$，因为 $\frac{t}{2\pi}\cdot\phi_1 = \frac{T}{2\pi}\cdot\phi$，所以 $\phi_1 = \frac{T}{t}\phi = 2\phi$。这样，当 z 值相同时，螺杆螺旋面的转角比衬套内螺旋面的转角大一倍。

2.4 单螺杆泵的运动学分析

2.4.1 单螺杆的自转和公转

为了分析单螺杆在衬套中的运动，我们以螺杆本身的轴线 O_2 为圆心，以螺

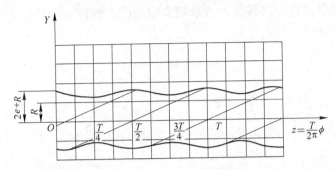

图 2 - 10 当 ϕ 从 0° 到 2π 时衬套内螺旋面的轴向型线

杆任一断面圆心 O_1 和 O_2 的距离 e 为半径，作一个圆，称作螺杆的动中心圆。螺杆的动中心圆实际上是所有螺杆断面中心 O_1 在平面上的投影；再以衬套的中心 O 为圆心，以 $2e$ 为半径，作一个圆，叫做衬套的定中心圆，如图 2 - 11 所示。螺杆在衬套中的运动可看作螺杆的动中心圆（滚圆）在衬套的定中心圆（导圆）内作纯滚动。

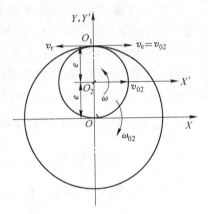

图 2 - 11 单螺杆的自转和公转

当动中心圆作逆时针转动时（自转），其圆心 O_2 绕定中心圆圆心 O 作顺时针方向的圆周运动（公转），所以，自转和公转的方向相反。下面用图 2 - 11 来讨论自转角度 ω 和公转角速度 ω_{02} 间的关系。

以 O_2 为原点，建立动坐标系 $X'O_2Y'$，其方向保持不变，即 O_2X' 永远平行于 OX，而原点 O_2 绕衬套中心 O 作圆周运动。螺杆的自转是指螺杆相对动坐标系 $X'O_2Y'$ 的相对转动，它的自转角速度 ω 是和传动轴角速度相同的。

设动中心圆和定中心圆的滚动接触点 O_1 上的绝对速度为 v_{01}（动中心圆上），它应等于相对速度 v_r 和 v_{02} 的矢量和，即

$$v_{01} = v_r + v_{02}$$

上式中的 $|v_r| = \omega \cdot e$，它是由螺杆自转或相对动坐标系转动而产生的；$|v_{02}| = \omega_{02} \cdot e$，它是由动坐标系原点 O_2 公转产生的。由图 2 - 11 可见，v_r 和 v_{02} 的方向相反。

所以，从绝对值的关系来看，$|v_{01}| = \omega \cdot e - \omega_{01} \cdot e$，因为螺杆动中心圆沿衬套定中心圆作滚动，其接触点速度 $|v_{01}| = 0$，所以 $\omega \cdot e - \omega_{02} \cdot e = 0$，即 $\omega = \omega_{02}$，螺杆自转的角速度 ω 和公转的角速度 ω_{02} 大小相等，而转向相反。螺杆动中心圆

的自转是传动轴通过万向联轴器或软轴来带动的，如传动的转速为 n r/min，则螺杆的自转和公转角速度皆为

$$\omega = \omega_{02} = \frac{\pi n}{30} \text{rad/s}$$

2.4.2   单螺杆在衬套中的运动特点

螺杆为圆断面，衬套为长圆形断面，圆断面在长圆形断面内怎样进行既自转又公转的运动呢？

螺杆在衬套中运动时，由于传动轴和万向联轴器（或软轴）限制了螺杆的轴向位移，因此螺杆在衬套内的运动只能是一个平面运动，或者可看作在螺杆-衬套副的任一断面上，螺杆断面中心 O_1 工作时只沿该断面的衬套长轴作往复直线运动。

在图 2-12a 中给出 $z=0$ 平面上的衬套断面（Z 轴由纸面指向外）。将螺杆装进衬套后，螺杆本身轴线 O_2Z 离衬套中心线 OZ 的距离为 e，该断面上螺杆断面的圆心位于 O_1。注意以 O_2 为圆心，$O_1O_2=e$ 为半径作圆，称为螺杆的动中心圆；以 O 为圆心，$OO_1=2e$ 为半径作圆，称为衬套的定中心圆。在图 2-12b 中给出同一个螺杆-衬套副的任意断面 z。显然，在该断面中衬套的长圆形形状不变。只是长轴 OM 比 $z=0$ 断面转了一个角度 ϕ，它和 z 的大小有关，因为 $z=\dfrac{T}{2\pi}\phi$，所以 $\phi=\dfrac{2\pi z}{T}$。同时，因为是螺杆的同一个位置（螺杆没有转动），所以螺杆本身轴线 O_2Z 和动中心圆不变，但是在断面 z 中，螺杆的断面圆心就不在 O_1，而是沿动中心圆从 O_1 转过一个角度 ϕ_1，因为 $z=\dfrac{t}{2\pi}\phi_1$，所以

$$\phi_1 = \frac{2\pi z}{t} = \frac{2\pi z}{\dfrac{T}{2}} = 2\cdot\frac{2\pi z}{T} = 2\phi$$

这就是说，从 $z=0$ 断面到 $z=z$ 断面，螺杆的转角 ϕ_1 等于衬套转角 ϕ 的两倍。在图 2-12b 中，过 O_2 点作 $\angle YO_2N=\phi_1$ 和动中心圆交于 O_1' 点，O_1' 点就是 z 断面中螺杆的断面圆心。有了圆心，就可以做出螺杆的断面圆。

现在用图 2-13a 来证明，作 $\angle YO_2N=\phi_1$ 和动中心圆的交点 O_1' 必定位于衬套长轴 OM 上。先假设所给出的 O_1' 点不在 OM 上，而长轴 OM 和动中心的交点为 O_1''，可分别求出 O_1O_1' 和 O_1O_1'' 的弧长。$O_1O_1'=e\phi_1$，而 $O_1O_1''=2e\phi$，因为 $\phi_1=2\phi$，所以 $O_1O_1'=O_1O_1''$。

这样，O_1' 和 O_1'' 一定重合，而且位于衬套的长轴 OM 上。在任意断面 z 中，螺杆的断面圆心是位于衬套的长轴上，同时是动中心圆和衬套长轴的交点。只有

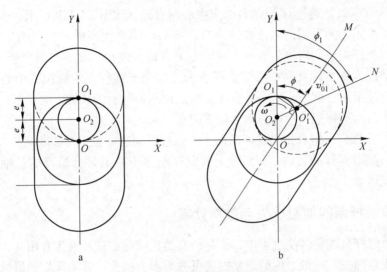

图 2-12　螺杆在衬套内的运动

a—$z=0$ 断面；b—任意 z 断面

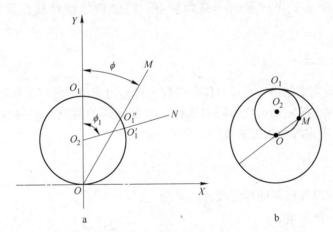

图 2-13　证明螺杆断面圆心在衬套断面长轴上的简图

这样，螺杆才能装在衬套中。

　　下面再证明，当螺杆工作时，任意断面 z 中螺杆断面的圆心只能沿衬套的长轴方向作直线往复运动。

　　由图 2-13b 可见，O_1 为动中心圆的瞬时速度中心，也就是螺杆的瞬心。假设动中心圆作逆时针方向自转，螺杆断面圆心 O_1' 的速度 v_{01}' 方向应该垂直于 O_1O_1'，又因为 $\angle O_1O_1'O$ 为半圆的圆周角，成直角，所以 v_{01}' 的方向必然沿衬套的长轴方向，这是衬套的长圆形断面所允许的。当螺杆工作时，螺杆动中心圆上

O_1'点的轨迹应该是通过O_1'点的衬套定中心圆直径。如图 2 - 13b 所示，当一个小圆在另一个固定的大圆内侧作纯滚动时，如果小圆和大圆的半径比为 1∶2，则小圆圆周上任一点的轨迹为通过大圆圆心的直径。现在，动中心圆半径为 e，定中心圆半径为 $2e$，因此动中心圆上任意点（相当于螺杆任一断面的中心）的轨迹都为通过定中心圆圆心的一条直径，就是该断面衬套的长轴方向。所以，螺杆在衬套中的运动特点，可以总结为如下两点：

（1）在螺杆 - 衬套副的任意断面上，螺杆断面中心位于衬套断面的长轴上；

（2）随着螺杆的转动，该断面上的螺杆断面中心沿衬套断面的长轴方向作直线往复运动。

2.5　单螺杆泵的能量损失与效率计算

在单螺杆泵能量转换过程中，不是所有的机械能都能转换为有用功，而会产生各种能量损失。一般泵内的能量损失可分为水力损失、容积损失和机械损失三种。但是，在单螺杆泵中，由于过流部分水力损失很小，一般都略去不计。所以，单螺杆泵能量损失的主要形式是容积损失和机械损失。分析能量损失时，必须考虑单螺杆泵工作过程的一系列特点、输送液体的性质以及泵的工况等因素。

2.5.1　容积损失

容积损失主要是由于高压液体沿螺杆 - 衬套副密封线的窜流和向泵外漏失引起的，它取决于腔室间的压力降和螺杆 - 衬套副间的间隙（或过盈）值。用容积效率 η_v 来考虑容积损失的影响，它可表示为：

$$\eta_v = \frac{Q_t - q}{Q_t} \qquad (2-22)$$

式中　Q_t——单螺杆泵的理论流量，$\mathrm{m^3/d}$；

　　　q——漏失量，$\mathrm{m^3/d}$。

由式（2 - 22）可得出

$$q = (1 - \eta_v)Q_t$$

换项得

$$1 - \eta_v = \frac{q}{Q_t} \qquad (2-23)$$

利用螺杆 - 衬套副间缝隙漏失原理，并引入螺杆 - 衬套副基本结构参数和工况参数，在理论分析的基础上，可将式（2 - 23）变换为下列形式：

$$1 - \eta_v = K_v \frac{\sqrt{p}}{\sqrt{\rho n T}} \sqrt{\left[1 + A \frac{p}{E}\left(\frac{\delta_0}{D}\right)^{-\beta}\right]^3 \cdot \left[\left(\frac{\delta_0}{D}\right)^{\beta}\right]^3 \frac{D}{e}} \sqrt{\frac{T}{L}} = K_v F_v \quad (2-24)$$

式中　K_v——容积损失系数；

　　　　p——泵的压力，MPa；

　　　　ρ——液体的密度，N/m^3；

　　　　A——对一定的单螺杆泵，为一常数值，主要取决于衬套橡胶层厚度；

　　　　E——衬套用橡胶的弹性模数，MPa；

　　　　β——常数值，主要取决于橡胶的弹性模数。

其他符号同前述。

2.5.2　机械损失

机械损失产生于单螺杆泵工作零件间相互摩擦的地方，主要是在螺杆-衬套副、密封装置、万向联轴器和轴承中的摩擦损失。用机械效率 η_m 来考虑机械损失的影响。

机械效率 η_m 等于泵的理论功率对泵轴上输入功率的比值，它可表示为：

$$\eta_m = \frac{N_t}{N_{ax}} \tag{2-25}$$

式中　N_t——泵的理论功率，即螺杆传递给液体的转化功率，它可用下式
　　　　　求得：

$$N_t = Q_t p = V_0 np = \frac{V_0 p}{2\pi} \cdot 2\pi n = M_t \omega \tag{2-26}$$

其中　V_0——螺杆转一转的液体排量，即螺杆-衬套副的工作容积，m^3；

　　　　M_t——泵轴上的理论转矩，$N \cdot m$；

　　　　ω——泵轴的角速度，rad/s；

　　　　N_{ax}——泵轴上输入功率，由下式求得：

$$N_{ax} = N_t + \Delta N_m = M_t \omega + M_f \omega = (M_t + M_f)\omega \tag{2-27}$$

其中　ΔN_m——泵的机械损失功率，kW；

　　　　M_f——泵的摩擦转矩，$N \cdot m$。

将式（2-25）和式（2-26）代入式（2-24），得

$$\eta_m = \frac{M_t \omega}{(M_t + M_f)\omega} = \frac{M_t}{M_t + M_f} = \frac{1}{1 + \dfrac{M_f}{M_t}} \tag{2-28}$$

换项得

$$\frac{1}{\eta_m} - 1 = \frac{M_f}{M_t} \tag{2-29}$$

考虑热平衡的液体流动方程和泵的工况参数后，在推导摩擦转矩 M_f 计算公式的基础上，可将上式变换为：

$$\frac{1}{\eta_{\mathrm{m}}} - 1 = K_{\mathrm{m}} \cdot \frac{\mu n}{p} \cdot \frac{1}{\left(\dfrac{\delta_0}{D}\right)^{\beta}\left[1 + A\,\dfrac{p}{E}\left(\dfrac{\delta_0}{D}\right)^{-\beta}\right]} \cdot \left(\frac{\rho C T_0}{\mu n}\right)^{\frac{2}{3}} \frac{D}{e} \cdot \frac{L}{T} = K_{\mathrm{m}} F_{\mathrm{m}}$$

$$(2-30)$$

式中　K_{m}——机械损失系数;

$\quad\quad\ \mu$——输送液体的动力黏度, Pa·s;

$\quad\quad\ C$——输送液体的比热容, J/(kg·K);

$\quad\quad\ T_0$——温度常数, 表征黏度随温度变化曲线的斜率。

其他符号同前述。

应该指出, 上述的式 (2 - 24) 和式 (2 - 30) 是将单螺杆泵的容积效率和机械效率与泵的基本结构和工况参数用准数的形式联系起来的, 因而可作为单螺杆泵基本尺寸最优比值确定的依据。

俄罗斯水力机械科学研究院 (ВНИИ гидромаш) 对一系列单螺杆泵在不同转速下输送矿物油的特性曲线进行了试验研究, 处理全部试验数据后, 将式 (2 - 24) 和式 (2 - 30) 改写为下列形式:

$$1 - \eta_{\mathrm{v}} = 1.8 \times 10^{-6} \left(\frac{p}{\rho \omega^2 D^2}\right)^{\frac{7}{8}} \left(\frac{\rho \omega D^2}{\mu}\right)^{\frac{7}{8}} \qquad (2-31)$$

$$\frac{1}{\eta_{\mathrm{m}}} - 1 = 1.5 \times 10^{7} \left[\left(\frac{p}{\rho \omega^2 D^2}\right)^{\frac{7}{8}} \left(\frac{\rho \omega D^2}{\mu}\right)^{\frac{7}{8}} \left(\frac{\rho C T_0}{\mu \omega}\right)^{-\frac{1}{2}}\right]^{-1} \qquad (2-32)$$

2.6　单螺杆泵定转子尺寸最优配比

为了获得泵的必需特性参数并保证其耐久性、经济性和操作方便性, 正确选择螺杆-衬套副基本尺寸的最优比值有着重要意义。如上所述, 螺杆-衬套副的基本结构尺寸包括: 螺杆直径 D, 偏心距 e, 衬套导程 T (等于螺杆螺距的两倍, $T = 2t$) 以及螺杆-衬套副间的初始过盈值 (或间隙值) δ_0。目前, 有关它们的推荐值在不同的著作中差异很大。下面根据式 (2 - 24) 和式 (2 - 30), 分析初始过盈值 δ_0、偏心距 e 和螺杆半径 R 对单螺杆泵效率影响的变化规律, 确定其最优比值。

2.6.1　初始过盈最优值的确定

为了试验确定在式 (2 - 24) 和式 (2 - 30) 中 $\dfrac{\delta_0}{D}$ 最优比值和系数 K_{v}、K_{m}、A、β 值, 对四种形式的单螺杆泵 (BHX4/40, 1B20/10, 1B50/5、1B100/10, 相应的额定流量为 1.1L/s、4.5L/s、7L/s 和 11L/s) 进行了 $Q - p$ 全特性试验研究。在试验过程中, 还在衬套的三个断面 (Ⅰ~Ⅲ)、每个断面四个点上测量衬

套的变形量，如图 2 – 14 所示。试验表明，衬套从进口的小压力断面到出口的大压力断面，变形逐渐增加，在Ⅲ—Ⅲ断面达到最大间隙值。

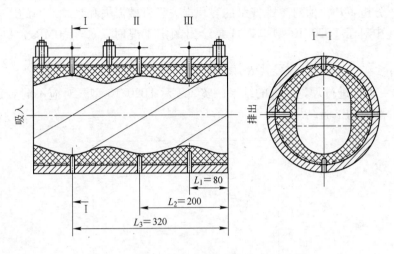

图 2 – 14 单螺杆泵的衬套

根据试验数据的处理结果，在图 2 – 15 中给出 1B20/10 型单螺杆泵当额定工况时 $1-\eta_v$、$\frac{1}{\eta_m}-1$ 和泵总效率 η 随 $\frac{\delta_0}{D}$ 的变化曲线。对于其他型号的单螺杆泵，也具有同样的变化规律。由图 2 – 15 可见，为使单螺杆泵具有最高的效率，初始过盈螺杆直径的比值 $\frac{\delta_0}{D}$ 应取 0.011～0.013。

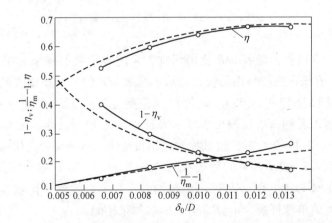

图 2 – 15 对 1B20/10 型单螺杆泵，$1-\eta_v$；$\frac{1}{\eta_m}-1$；$\eta=f\left(\frac{\delta_0}{D}\right)$ 的变化曲线

（虚线表示理论计算曲线；实线表示试验曲线）

2.6.2　螺杆偏心距对其半径最优比值的确定

为了分析 e/R 比值对单螺杆泵的容积损失、机械损失和泵总效率的影响，在图 2-16 中对于 1B20/10 型单螺杆泵绘出额定工况时（$p=1.0\text{MPa}$）$1-\eta_v=f\left(\dfrac{e}{R}\right)$，$\dfrac{1}{\eta_m}-1=f\left(\dfrac{e}{R}\right)$ 和 $\eta=f\left(\dfrac{e}{R}\right)$ 的变化曲线。图中虚线表示根据式（2-24）和式（2-30）进行理论计算的结果，实线表示 1B20/10 型泵对应不同 e/R 值螺杆-衬套副时的试验结果。

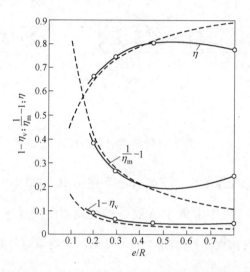

图 2-16　单螺杆泵的容积损失、机械损失和泵总效率随 $\dfrac{e}{R}$ 值的变化曲线

（虚线表示理论计算结果；实线表示试验结果）

由图 2-16 可见，随着 e/R 比值增加，泵的容积损失减小。在 $e/R=0.1\sim0.5$ 范围内，容积损失减小得最快，此后再增加 e/R 值，容积损失减小得就不明显。所以，从保证容积效率 η_v 取得最高值的角度来看，应取 $e/R\geqslant0.3$。由图 2-16 还可以看到，机械损失也随 e/R 比值的增加而减小，变化具有双曲线性质。当 $e/R=0.1\sim0.6$ 时，机械损失减小得最快，从获得最高机械效率值的角度来看，应取 $e/R\geqslant0.6$。泵的总效率 η 在 $e/R=0.1\sim0.6$ 范围内增加得最快，理论值增加 20% 以上；而 e/R 进一步增加时，泵的总效率变化就很小了。对于所有标准系列的单螺杆泵，$\eta=f(e/R)$ 曲线都很相似。

从图 2-16 还可以看出，理论计算曲线和试验曲线在 $e/R<0.5$ 时吻合良好。当 $e/R>0.6$ 时，两者的偏离加大，到 $e/R=0.8$ 时，总效率偏差已达 11%。实际上采用 $e/R>0.6$ 的单螺杆泵结构，显著地增加制造工艺特别是衬套制造工艺的复杂性。因此，螺杆偏心距对其半径最优比值取 $e/R = 0.4 \sim 0.6$ 比较合适。

2.6.3 衬套导程对螺杆半径最优比值的确定

衬套导程决定单螺杆泵中液体的轴向速度，后者和泵的吸入性能有密切关系。为了保证单螺杆泵具有必需的吸入性能，衬套导程对螺杆半径的最优比值推荐取 $T/R = 5.5 \sim 8$。

2.6.4 螺杆－衬套副长度的选择

螺杆－衬套副长度主要是取决于级数的多少。理论上要形成一个完整的密封腔，螺杆－衬套副的最小长度等于衬套的一个导程（或螺杆螺距的两倍）。长度等于一个衬套导程的螺杆－衬套副称为一级。实际上，一级单螺杆泵的螺杆－衬套副的长度一般取 $L = (1.25 \sim 1.5)\,T$。最好取 $L = 1.25T$。

设计单螺杆泵时，为了保证使用寿命最长，一般要限制一个衬套导程上（或螺旋圈间）的压力降。对于输送纯液体的单螺杆泵，国外常取此压力降在 $0.74 \sim 0.6\,MPa$ 范围内。但是，对于一些专用单螺杆泵，如法国 PCM 公司生产的高压头单螺杆泵，在额定工况时一个衬套导程上压力降高达 $1.3\,MPa$；相反，对于要求流量稳定的配料单螺杆泵，其压力降常低于上述推荐值。在俄罗斯，对于低压头单螺杆泵，取 $\Delta p = 0.5\,MPa$；而对于高压头单螺杆泵，则取 $\Delta p = 0.6 \sim 0.9\,MPa$。

必须指出，这里推荐的螺杆－衬套副基本尺寸的最优比值主要是依据低压头单螺杆泵的大量试验数据。要将有关推荐值应用到采油用小流量、高压头的单螺杆泵设计中，还需要进行有关的试验和理论研究工作。

为了便于利用式（2－24）和式（2－30）来优选单螺杆泵的基本结构参数和计算其工作特性，将上述四种形式单螺杆泵的试验数据加以综合，图 2－17 给出了系数 β 随橡胶弹性模数 E 的变化曲线 $\beta = f(E)$；图 2－18 给出系数 A 随衬套橡胶层厚度 h_r 的变化曲线 $A = f(h_r)$；图 2－19 给出 δ_0/D 最优比值随橡胶弹性模数 E 的变化曲线 $(\delta_0/D)_{opt} = f(E)$。这三张图可以推荐用来计算具有橡胶弹性模数 $E = 3 \sim 9\,MPa$ 和厚度 $h_r = 5 \sim 10\,mm$ 衬套的单螺杆泵的最优结构参数和工作特性。

图 2－20 和图 2－21 以综合曲线形式 $1 - \eta_v = K_v F_v \sqrt{\Pi_2}\left(\text{式中准数 } \Pi_2 = \dfrac{TnD\rho}{\mu}\right)$ 和

$\dfrac{1}{\eta_m} - 1 = K_m F_m$ 将上述各型单螺杆泵的试验数据绘在一张图上。平均值 $K_v = 2.45 \times 10^{-6}$ 和 $K_m = 87$。在满足上述 K_v 和 K_m 值的直线周围，所有试验点的误差不超过 6%，这保证了用式（2－24）和式（2－30）计算单螺杆泵基本结构参数

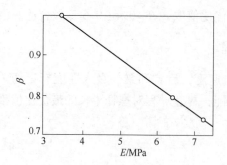

图 2-17 系数 β 随橡胶弹性
模数 E 的变化曲线

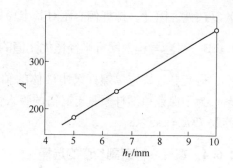

图 2-18 系数 A 随衬套橡胶层
厚度 h_r 的变化曲线

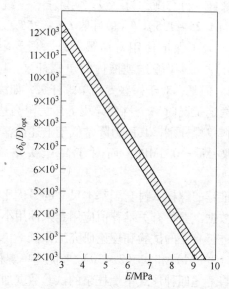

图 2-19 δ_0/D 最优比值随橡胶弹性模数 E 的变化曲线

和工作特性时的精度。

2.7 单螺杆泵轴向力计算

单螺杆泵轴向力的确定，对于泵体、联轴节中的推力轴承的设计计算和选择
使用都具有重要的意义。

单螺杆稳定工作时，螺杆所承受的轴向力 G 由下列三部分组成：

$$G = G_c + G_f + G_p \qquad (2-33)$$

式中 G_c——密封腔室中液体在衬套中移动时对螺杆作用的轴向力，N；

G_f——当螺杆表面沿衬套表面作相对滑动时，螺杆所受的半干摩擦力以及由于螺杆对衬套的"迎面效应"（即螺杆棱线面迎着衬套棱线面产生碰撞）而引起的衬套棱线沿螺杆轴线的反作用力，N；

G_p——由泵排出端和吸入端的液体压力差产生的轴向力，N。

下面分别进行计算。

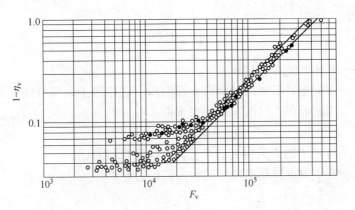

图 2-20 综合曲线 $1 - \eta_v = K_v F_v \sqrt{II_2}$

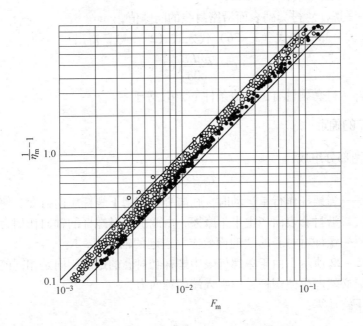

图 2-21 对于 1B50/5、BHX4/40 和 1B100/10 型单螺杆泵，

输送润滑油和水时的综合曲线 $\dfrac{1}{\eta_m} - 1 = f(F_m)$

2.7.1　G_c 的确定

在螺杆－衬套副具有一定间隙的条件下，密封腔室中液体以双线螺杆形式沿着衬套的润湿表面移动。这时，可利用彼得洛夫（Петров Н. Н. ）的液体摩擦计算式，给出 G_c 的下列表达式：

$$G_c = \frac{\mu F v_{ax}}{\delta} \tag{2-34}$$

式中　μ——液体的绝对黏度；

　　　F——产生相对滑动的衬套内表面面积，它相当于以双线螺杆形式的液体表面面积，可按下式近似求得：

$$F = (6R + 8e)L \tag{2-35}$$

　　　式（2-35）中的 L 为衬套的全长，其他符号同前述。

　　　v_{ax}——液体质点移动速度的轴向分量，它等于

$$v_{ax} = \frac{Tn}{60} \tag{2-36}$$

式中　T——衬套的导程；

　　　n——螺杆的转速，r/min；

　　　δ——螺杆－衬套副表面沿密封线的间隙值，mm。

将式（2-35）和式（2-36）代入式（2-34），得出：

$$G_c = \frac{\mu nLT}{60\delta}(6R + 8e) \tag{2-37}$$

当螺杆－衬套副具有过盈值条件下，G_c 等于零。

2.7.2　G_f 的确定

G_f 由两部分组成：

$$G_f = G_f' + G_f'' \tag{2-38}$$

式中　G_f'——当螺杆作行星运动时，在离心力作用下螺杆压向衬套，使螺杆表面沿衬套表面产生半干摩擦，由此引起对螺杆的轴向作用力，N；

　　　G_f''——螺杆对衬套的"迎面效应"引起的轴向力，N。

如图 2-22 所示，由于单螺杆泵中螺杆和衬套的螺旋旋向是相同的，所以当螺杆转动时必然产生使螺杆推向吸入端的轴向力。

G_f' 按下式计算：

$$G_f' = F_r f \tag{2-39}$$

$$F_r = m_r \omega_{02}^2 e \tag{2-40}$$

$$\omega_{02} = \omega = \frac{\pi n}{30}$$

式中　F_r——螺杆作行星运动时所产生的离心力，N；

　　　m_r——螺杆的质量，N。当螺杆长度为 L、断面半径为 R 和材料密度为 ρ_r 时，$m_r = \pi R^2 L \rho_r$；

　　　ω_{02}——螺杆轴线绕衬套轴线的旋转角速度，rad/s。它等于螺杆的自转角速度；

　　　e——螺杆的偏心距，mm；

　　　f——螺杆和衬套表面的半干摩擦系数，对于镀铬螺杆和浇铸橡胶的平滑表面，在水中工作时，f 可取 0.25～0.3。

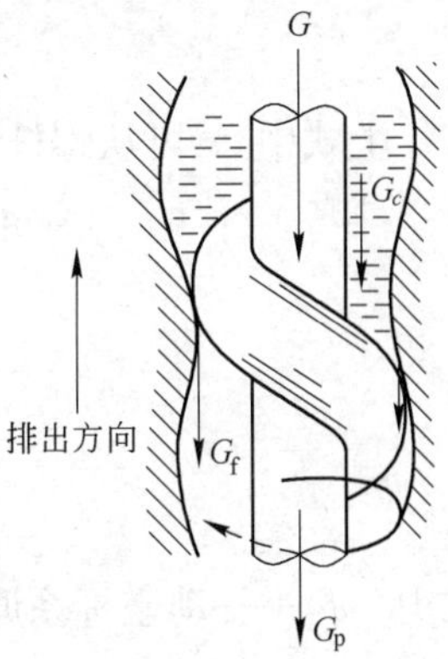

图 2-22　单螺杆泵中的轴向分力

　　将式（2-40）和有关公式代入式（2-39），得到 G_f' 的表达式

$$G_f' = \frac{\pi^3 R^2 L e \rho_r n^2}{900} \cdot f \tag{2-41}$$

式中，G_f' 是当螺杆-衬套副无论有间隙或过盈时都产生的，而 G_f'' 则仅当螺杆-衬套副具有过盈值时才存在。

　　G_f'' 由下式计算：

$$G_f'' = Q'f \tag{2-42}$$

式中　Q'——当螺杆-衬套副具有过盈值 δ 时，使衬套橡胶生产变形量 δ（等于过盈值），从而引起对螺杆断面的挤压力，N；

　　　f——螺杆和衬套表面的半干摩擦系数，同前所述。

　　如将半圆的螺杆棱线和衬套棱线的共轭关系看作圆柱体对平面的挤压作用，则挤压力 Q' 可由下式求得：

$$Q' = \frac{p_{max} \pi b l}{2} \tag{2-43}$$

式中　p_{max}——橡胶受压变形 δ 值时所产生的应力，Pa，

$$p_{max} = -\frac{C\delta}{\delta + B h_r} \cdot 10^5 \tag{2-44}$$

其中　C，B——橡胶常数；

　　　δ——橡胶受压变形值，等于过盈值，cm；

　　　h_r——橡胶的平均厚度，cm；

　　　b——长度为 l 的圆柱和平面接触的矩形表面宽度的一半，它等于

$$b = \sqrt{2\delta R - \delta^2} \tag{2-45}$$

其中　l——圆柱长度，等于螺杆断面中心的螺旋线长度 s。当螺杆长度为 L、螺距数为 $\frac{L}{t}$ 时，则

$$l = s = \frac{L}{t} \int_0^{2\pi} ds' \qquad (2-46)$$

上式中 ds' 可从螺杆断面中心螺旋线方程求得:

$$ds' = \sqrt{dx_{01}^2 + dy_{01}^2 + dz_{01}^2}$$

$$= d\phi_1 \sqrt{(e\cos\phi_1)^2 + (e\sin\phi_1)^2 + \frac{t^2}{4\pi^2}}$$

$$= d\phi_1 \sqrt{e^2 + \frac{t^2}{4\pi^2}}$$

式中 ϕ_1——动坐标系原点 O_1 和定坐标系原点 O_2 的连线对定坐标系 O_2Y 轴的
转角;

t——螺杆的螺距,mm。

将 ds' 代入式(2-46),得

$$l = s = \frac{L}{t} \int_0^{2\pi} \sqrt{e^2 + \frac{t^2}{4\pi^2}} d\phi_1 = \frac{2\pi L}{t} \sqrt{e^2 + \frac{t^2}{4\pi^2}} \qquad (2-47)$$

将式(2-44)代入式(2-43),再代入式(2-42),得

$$G_f'' = f \frac{\pi bl}{2} \left(-\frac{C\delta}{\delta + Bh_r} \times 10^5 \right) \qquad (2-48)$$

这样,在螺杆-衬套副具有间隙条件下,

$$G_f = G_f'' = \frac{\pi^3 R^2 L e \rho_r n^2}{900} f$$

而在螺杆-衬套副具有过盈条件下,

$$G_f = G_f' + G_f'' = \frac{\pi^3 R^2 L e \rho_r n^2}{900} f + f \frac{\pi bl}{2} \left(-\frac{C\delta}{\delta + Bh_r} \times 10^5 \right) \qquad (2-49)$$

2.7.3 G_p 的确定

G_p 是由排出端和吸入端的液体压力差产生的轴向力。应该指出,排出端的高压作用在螺杆的一个端面以及与排出端相通的密封腔室的螺杆螺旋表面上,产生轴向力。由于螺旋表面形状复杂,计算轴向力比较简便的方法是利用虚位移原理。为此,将单螺杆泵画成如图2-23所示,并以 G_p 来代替承受轴向力的推力轴承作用。泵可用皮带轮带动,其上作用有两条皮带的拉力 T_1 和 T_2;或者用联轴器带动,那么就作用一个力偶,它们对传动轴的作用带动螺杆的转动。

由于螺杆-衬套副间的摩擦力已在 G_f 中考虑,所以现在假设螺杆-衬套副的接触是光滑的,在螺杆的运动中,衬套对它的摩擦力不做功。

我们考虑发生虚位移的对象是螺杆及与其连接的万向轴、传动轴、皮带轮等。在虚位移上有可能做功的是 G_p、T_1 和 T_2 以及液体的压力差 $(p_d - p_s)$,此

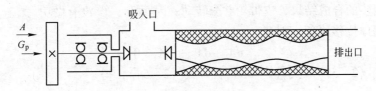

图 2 - 23 计算单螺杆泵轴向力 G_p 的示意图

处的 p_d、p_s 为泵的排出端和吸入端的压力（单位为 Pa）。为了求出 G_p，最好规定螺杆的虚位移是轴向移动，而皮带轮不发生转动，这样，在虚功之和为零的式子里就不出现 T_1 和 T_2，而直接建立 G_p 和 $(p_d - p_s)$ 之间的关系。

将螺杆做轴向移动的虚位移分两步来完成。

第一步，螺杆沿本身的中心线以螺距 t 作一螺旋运动位移，如同从一个固定螺母中拧动螺钉一样，可以把螺杆看成螺钉，将密封腔室中的液体和衬套连为一体看成螺母。由图 2 - 23 中 A 向看去，使螺杆逆时针转动转角 $d\theta$，当然万向联轴器、传动轴、皮带轮等也同样转过 $d\theta$。与此同时，它们必须向右移动一个距离 dz（螺杆和衬套都是左旋），dz 可由下式计算：

$$dz = \frac{d\theta}{2\pi}t \qquad (2-50)$$

第二步，不再允许螺杆有轴向位移而像正常工作时一样运动。现在给螺杆一个顺时针方向的转动，转角也是 $d\theta$，这时万向联轴器、传动轴、皮带轮等也都同样转动。将以上两步的位移合成，它们都转回原来的角度，因此，所考虑的对象没有发生转动，仅有轴向移动。

下面给出在这两步虚位移上各力所作的功。

第一步，螺杆向右拧出一个距离 dz，必须排开一部分液体，其体积等于长度为 dz 的一段螺杆的体积 dV_1，$dV_1 = \pi R^2 dz$，因此液体所作的功 dA_1 为

$$dA_1 = -(p_d - p_s)\pi R^2 dz = -(p_d - p_s)\pi R^2 \frac{d\theta}{2\pi}t \qquad (2-51)$$

此时，G_p 因推动传动轴右移作功为 dA_{G_p}

$$dA_{G_p} = G_p \cdot dz = G_p \frac{d\theta}{2\pi}t \qquad (2-52)$$

第二步，螺杆如同实际运转过程一样，顺时针转 $d\theta$，将使密封腔室右移，排出一定的液体，这部分液体的体积 dV_2 可由单螺杆泵流量公式（2-1）导出：

$$dV_2 = 16eRt\frac{d\theta}{2\pi}$$

因此，液体所做的功 dA_1' 为

$$dA_1' = -(p_d - p_s)16eRt\frac{d\theta}{2\pi} \qquad (2-53)$$

这两步的合成结果，皮带轮并未转动，因而 T_1、T_2 没有做功。

根据虚位移原理，则有

$$dA_1 + dA_{G_p} + dA_1' = 0 \qquad (2-54)$$

将式（2-51）~式（2-53）代入式（2-54），得

$$-(p_d - p_s)\pi R^2 \frac{d\theta}{2\pi}t + G_p \frac{d\theta}{2\pi}t - (p_d - p_s)16eRt\frac{d\theta}{2\pi} = 0$$

化简后为

$$G_p = (p_d - p_s)(\pi R^2 + 16eR) \qquad (2-55)$$

这样，将有关公式代入式（2-33），就可求出单螺杆泵总轴向力的表达式：

当螺杆-衬套副具有间隙时，

$$G = \frac{\mu n L T}{60\delta}(6R + 8e) + \frac{\pi^3 R^2 L e \rho_r n^2}{900}f + (p_d + p_s)(\pi R^2 + 16eR) \qquad (2-56)$$

当螺杆-衬套副具有过盈时，

$$G = \frac{\pi^3 R^2 L e \rho_r n^2}{900}f + f\frac{\pi b l}{2}\left(-\frac{C\delta}{\delta + Bh_r} \times 10^5\right) + (p_d - p_s)(\pi R^2 + 16eR)$$

$$(2-57)$$

应该指出，在俄罗斯莫斯科石油化学和天然气工业学院实验室中，曾对采油用几种单螺杆泵进行了轴向力测定。其中两台泵的螺杆-衬套副具有间隙值 0.12mm 和 0.25mm，一台泵的螺杆-衬套副具有过盈值 0.2mm。衬套内表面的橡胶硬度为邵氏 80~90 单位。泵输送的液体有水、原油、润滑油混合液以及工业甘油。试验结果如图 2-24 所示。

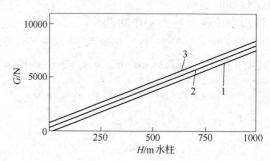

图 2-24 当螺杆-衬套副具有不同的间隙或过盈值时
单螺杆泵的轴向力随压头的变化曲线
1—间隙值为 0.25mm；2—间隙值为 0.12mm；3—过盈值为 0.2mm

试验表明，单螺杆泵中螺杆所承受的轴向力主要取决于泵的排出压力和螺杆-衬套副的间隙或过盈值。

处理上述试验数据，克雷洛夫（Крылов А. В.）得出计算单螺杆泵轴向力 G

（单位为 N）的经验公式如下：

$$G = 735 - 1470\delta + 1.02F_s H \tag{2-58}$$

式中　δ——无因次系数值，间隙值或过盈值（当过盈时，δ 取负值），mm；

　　　H——无因次系数值，泵的压头值，m 水柱；

　　　F_s——衬套的长圆形断面面积，m^2，$F_s = \pi R^2 + 8eR$。

近年来，俄罗斯巴尔琴珂（Балденко Д. Ф.）在下列条件下对单螺杆泵进行了大量的试验研究工作：螺杆在衬套中的平均滑动速度为 2.5~3.9m/s，被输送液体为水，橡胶硬度按 TM-2 计为 60~80 单位，工作容积为 40~160cm^3，$\varepsilon = \dfrac{4e}{D} = 0.4$，$T = \dfrac{2t}{\pi D} = 1.1~1.3$。在处理试验数据基础上，他提出了计算单螺杆泵轴向力的经验公式：

$$G = 650\delta_0 + 12D^2 \Delta p \tag{2-59}$$

式中　G——单螺杆泵的轴向力，N；

　　　δ_0——螺杆 - 衬套副的初始径向过盈值，mm；

　　　D——螺杆断面的直径，mm；

　　　Δp——单螺杆泵的排出压力和吸入压力的差值，即 $p_d - p_s$，MPa。

根据式（2-59）计算得出的单螺杆泵轴向力值和实际试验值吻合良好，其平均误差为 6.4%。

2.8　螺杆泵的选型设计

2.8.1　螺杆泵的井下容积

2.8.1.1　泵的容积效率

当泵吸入口压力低于原油饱和压力时，原油脱出的游离气在螺杆泵腔内占据一定的空间，使液体的容积效率降低，理想情况下全部气体进泵时的容积效率是：

$$\eta_{容} = \dfrac{1 + \dfrac{f_w r_0}{(1 - f_w) r_w}}{B_0 + r_0 R_P \times \dfrac{p_b - p_{吸}}{p_b} \times \dfrac{273 + T_{h泵}}{288 p_b} Z + \dfrac{r_0 f_w}{(1 - f_w) r_w}} \tag{2-60}$$

式中　$\eta_{容}$——螺杆泵的容积效率，%；

　　　B_0——原油体积系数，m^3/m^3；

　　　R_P——原油生产油气比，m^3/m^3；

　　　Z——天然气压缩因子；

　　　r_0，r_w——分别表示抽汲的原油、地层水重度，$10kN/m^3$；

f_w——油井综合含水率,%;

$p_吸$——泵的吸入口压力,MPa;

p_b——饱和压力,MPa;

$T_{h泵}$——泵中的绝对温度。

式(2-60)的物理意义可描述为分子项是液体(油、水)的体积,分母项是油、气、水三项体积之和。它表示地面液体的容积效率。

螺杆泵每天的抽汲排量为:

$$Q = Q_{th} \cdot \eta_容 = 5.76 \times 10^{-6} neDT \cdot \eta_容 \qquad (2-61)$$

2.8.1.2 泵井下容积

在泵口压力低于原油饱和压力时,气液比计算公式为式(2-60)。利用式(2-61)可计算出油井地下体积排量,即地下 IPR 曲线,如图 2-25 所示。在井筒流动的是两相流,一相是液体,一相是气体。压力越低,气液比越大。为提高油井抽液效率,一般放套管气,使泵吸入口气液比变小;对于不放套管气的情况,气液比可用式(2-60)计算。计算井下气液比是考虑游离气体分离后的气液比,计算结果同样可用图 2-25 表示。

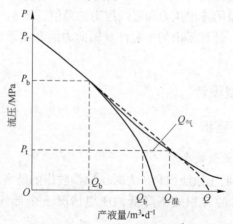

图 2-25   地下 IPR 曲线(渗流特性曲线)

2.8.2   螺杆泵的压头

螺杆泵的压头由单级承压能力和级数的乘积而定,压头与排量的关系如图 2-25 所示。图 2-25 是用水作为介质,在室内做出的螺杆泵水力特性曲线,属于比较理想的情况。在油田应用中,抽油系统压头是泵吸入口压力和泵排出压力的函数。对于任意一种产量,泵吸入口压力都有对应值,并且与流入动态关系协调。泵排出压力是泵以上油管内液体的密度和高度、地面油管压力及泵排出口和地面之间沿程损失的函数。

$$\Delta p = p_a - p_{吸} = p_d + p_Z + p_m - p_h - p_c \tag{2-62}$$

式中　Δp——抽油系统要求的压头，MPa；

　　　p_a——泵排出口压力，MPa；

　　　$p_{吸}$——泵吸入口压力，MPa；

　　　p_d——地面输油管线回压，MPa；

　　　p_Z——泵出口至井口油管内液柱静压，MPa；

　　　p_m——泵出口至井口液体流动的沿程损失，MPa；

　　　p_h——环空动液面到泵入口的液柱静压，MPa；

　　　p_c——套压，MPa；

$$P_Z = r \cdot L \times 10^{-9} \tag{2-63}$$

$$P_h = r \cdot h \times 10^{-9} \tag{2-64}$$

式中　r——液体密度，N/m^3；

　　L，h——分别表示泵出口到井口、环空动液面至泵入口的距离，m。

　　p_m 可用下式计算

$$p_m = \frac{128K\mu LQ}{\pi(D_t - d_2)^2(D_t^2 - d_2^2)} \times 10^{-9} \tag{2-65}$$

$$K = \left(1 - \frac{D_t}{d_2}\right)^2 \left[\left(1 + \frac{D_t}{d_2}\right)^2 + \frac{1 - \left(\dfrac{D_t}{d_2}\right)^2}{\dfrac{L}{h}\dfrac{D_t}{d_2}}\right]^{-1} \tag{2-66}$$

式中　D_t，d_2——分别表示油管内径、抽油杆直径，mm；

　　　K——流道形状系数；

　　　μ——液体黏度，Pa·s；

　　　η——泵效率，%。

　　稠油井，油管压力可通过现场观察取值。由于基础数据很难取全、取准，所以计算精度会受到基础数据的影响。因此，实际计算中可选用比较方便的方法，但应不断用实际参数和结果校正。

$$k = \frac{\Delta P}{h_单} \tag{2-67}$$

式中　k——泵的级数；

　　　Δp——总压头，MPa；

　　　$h_单$——泵单级的压头，MPa。

选泵时，选用级数应大于计算总级数。

2.8.3　泵型选择及参数设计

　　在螺杆泵应用设计中，评价工况是否合理的指标，是工作点是否在最佳工作

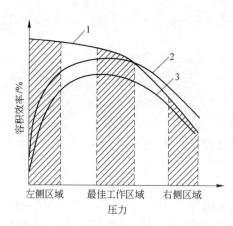

图 2 - 26　典型的螺杆泵外特性曲线
1—容积效率曲线；2—机械
效率曲线；3—总效率曲线

区。设计螺杆泵时，要确定其最佳工作区域，并推荐给用户。典型螺杆泵外特性曲线如图 2 - 26 所示。

从图中可以看出，泵的容积效率随压力升高而降低。因为在压力较低时，橡胶密封性能较好，液体漏失很少，转子和定子橡胶几乎是直接接触摩擦。由于橡胶的摩擦系数较大，摩擦损失也较大，机械效率低；当压力升高到有一些液体漏失时，容积效率缓慢降低，干摩擦变为有润滑的摩擦，机械效率升高；当压力继续升高，有大量液体漏失时，容积效率开始大幅度下降，定、转子间的摩擦变为液体之间的摩擦，摩擦损失很小，机械效率较高。螺杆泵总效率的高效区较宽，它的最高点大约在容积效率曲线的拐弯处附近。在这一区域，泵开始被"击穿"，容积效率开始急剧下降，但还不是大量下降，机械效率已接近最大值，总效率最高，这一区域为泵的最佳工作区域。泵在这一区域效率最高，而且寿命长。

上述泵的特性曲线是指满足井下实际工况的特性曲线。若作地面试验，必须满足过盈值 $\delta = \delta_1 + \delta_2 + \delta_3$、介质黏度相当于井下原油黏度、温度相当于井温等三项要求。

泵在井下工作时，若工作点落在容积效率曲线的右侧区域，泵的容积效率很低，甚至抽不出油，失去了螺杆泵高效节能的优势。反之，泵的工作点落在容积效率曲线左侧区域，这时虽然容积效率几乎为 100%，但润滑不充分，机械效率非常低，摩擦损失很大，总效率也较低，而且易于使泵过早失效。

设计人员必须找出螺杆泵的最佳工作区域，推荐给用户，才能使螺杆泵得到合理的应用，减少故障，延长使用寿命。

2.8.3.1　选泵协调曲线的建立

A　地下渗流特性曲线

首先作出油井 IPR 曲线，再乘气液比式（2 - 60），即可作出下泵深度等于油层中部的泵口 IPR 曲线，如图 2 - 27 所示。

B　泵的实际举升特性曲线

泵的剩余压头

$$H_\Delta = H - \Delta p \tag{2-68}$$

式中　H_Δ，H——分别表示螺杆泵举升剩余压头、本身具有的压头，H 可由水利特性曲线查得；

Δp——抽油系统所需压头，MPa。Δp 可根据式（2-62）计算，计算结果如图 2-27 所示。

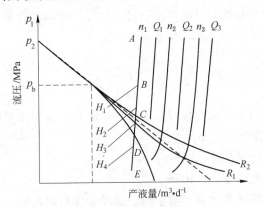

图 2-27 井、泵协调图

R_1，R_2——代表气液比，$R_2 > R_1$；

Q_1，Q_2，Q_3——不同理论排量的泵，$Q_3 > Q_2 > Q_1$；

H_1，H_2，H_3，H_4——同一理论排量不同压头，$H_4 > H_3 > H_2 > H_1$；

n_1，n_2，n_3——同一泵不同转数，$n_3 > n_2 > n_1$

C 井泵协调图

图 2-27 中两条曲线（即供、采曲线）的交点为协调工作点。

泵特性曲线的上端，如 A 点是式（2-68）中 Δp 等于零的点。该点取决于泵特性曲线的压头离开压力轴的距离，即排量。A 点排量是泵的理论排量。

泵特性曲线压头越大，可抽汲的流压越低，如 n_1 线上 H_4 压头大于 H_3，压头排列顺序是 $H_4 > H_3 > H_2 > H_1$。

泵的转速越高，泵的排量越大，抽汲的流压也越低，如排量和压头的顺序都是 $n_3 > n_2 > n_1$。

泵的理论排量越大，可以将液面抽汲得越深，泵的理论排量顺序是 $Q_3 > Q_2 > Q_1$。

油井的气液比越大，流压越高，如 $R_2 > R_1$，R_2 协调点压力高于 R_1 协调点压力。

D 泵深的确定

在图 2-27 中，没有反映出泵深与其他参数协调的关系。图 2-26，可体现出不同下泵深度与其他参数协调曲线的关系。在泵口压力相同的情况下，下泵越浅，流压越高，产量越低；反之，下泵越深，流压越低，产量越大，$\Delta P_f'$ 越小。下泵深度可以超过油层中部，当 $\Delta P_f'$ 降到零，也就是流压的最大限度降低值为零。

E　确定螺杆泵橡胶的温度及螺杆泵级数

井深对螺杆泵橡胶许用温度有要求。螺杆泵定子橡胶对温度较敏感,温度越高,溶胀越大,更重要的是环境温度越高,对定子寿命的影响越大。下泵深度对螺杆泵橡胶温度要求如图 2 - 28 所示。

计算公式为:

$$t = t_0 + 15 + \frac{L}{100}\left(a + \frac{0.1n}{100}\right) \tag{2-69}$$

式中　t,t_0——分别表示螺杆泵橡胶适应的温度和地表四季平均温度,℃;

L——下泵深度,m;

n——螺杆泵转速,r/min;

a——地温梯度,℃/100m。

式中还考虑了螺杆泵运转自身生热。据经验和室内实测,每举升 1000m,每 100 转温度升高 1℃。当排量小于 20% 时,因为定、转子之间的半干摩擦,温升较快,这属于不正常温升。螺杆泵容积效率应大于 30%,否则长期运转会烧泵。

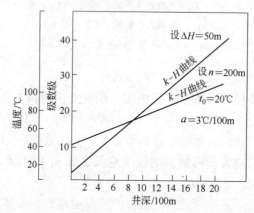

图 2 - 28　定子橡胶许用温度、螺杆泵级数随井深的变化

2.8.3.2　井深对螺杆泵级数的要求

螺杆泵下井深度越大,所需泵的举升压头越大,对螺杆泵级数要求就越多,计算式为

$$k = 2 + \frac{L}{\Delta H} + \frac{L}{1000} \tag{2-70}$$

式中　k——螺杆泵定子级数,级;

ΔH——螺杆泵单级承压能力,m;

L——下泵深度,m。

设油管内液体重量产生的压头以及流动时的沿程损失等于总的压力梯度1MPa/100m。

根据式 (2-70)，设 $\Delta H = 50$m，计算结果绘制在图 2-28 中，如 $k-H$ 曲线，转子总螺距数的计算式为

$$K_1 = 2k + \frac{\Delta L \times 3}{\dfrac{L_1}{k}} \tag{2-71}$$

式中　K_1——转子螺距数，级；

　　　L_1——螺杆泵定子有效橡胶长度，m；

　　　ΔL——防冲距，m。

2.8.3.3　优选泵型及其参数的原则

在油井下泵时选择思路有两个：一是由井选泵；二是由泵选井。正常情况下是由井选泵，即在油井条件已知的情况下选泵，设计工作参数。前面将计算方法介绍完毕，下面介绍有关设计原则及思路。

选泵应遵循以下几条原则：

(1) 泵工作点在最佳工作区域内，获得较高的机械效率。

(2) 泵抽应满足油田开发方案的要求，把流压抽到规定的范围内。

(3) 在泵的压头、排量足够的前提下，尽量增加下泵的深度，尽量降低流压，放大生产压差，提高油井产量。

(4) 在油井条件确定后，泵的压头、排量不能超量太多，否则螺杆泵工作点就会离开最佳工作区域。

(5) 泵的理论排量必须大于泵入口处油、气、水三相流量。气液比较大的井，应采取套管放气，尽量增加下泵深度，减小气体影响程度。

(6) 螺杆泵在排量压头、抽油杆扭矩、径向尺寸满足的条件下，可采用中低转速80~150r/min；存在其他条件约束时，可通过提高泵的转速，达到提高泵的排量和压头的目的。

(7) 泵的压头不够时，可降低下泵深度，提高流压，降低转速，降低油井产液量。

(8) 提高油井产液量，可通过提高泵效、提高泵速、增大理论排量、增加泵的压头、增加下泵深度、提高油层压力、提高采液指数等手段来实现。采取相反的措施将获得相反的效果。

(9) 当油井地层条件发生变化时，可通过调整螺杆泵采油系统的参数来适应；当泵抽条件发生变化时，也可通过调整地层参数来适应。

另外，螺杆泵的最大外径，应满足在套管内起下顺利。转子旋转时，最大外径处不应与油管偏磨。定、转子的连接尺寸，应与常规管柱配套。

2.8.4　配套抽油管的选择

潜油螺杆泵采油技术属于无杆采油技术，配套工具相对于地面电机驱动螺杆泵采油系统复杂程度低一些，其受力分析可以忽略螺杆泵转子的扭转成分。

螺杆泵油管的选择应重点考虑油管的机械强度（见表 2 - 2）、下泵深度与套管的配合等。这里重点从抗拉力学强度角度出发，介绍油管材质对下泵深度的限制。

表 2 - 2　国产油管钢级物理力学性能

钢　级		D - 40	D - 50	D - 55	D - 60	D - 65	D - 75	D - 85	D - 95	35CrMo
旧钢级	DZ1	DZ2	DZ3	DZ4		DZ5	DZ6			
抗拉强度 σ_b/MPa	600	650	700	750	780	800	900	950	1050	900
屈服强度 σ_s/MPa	340	380	500	550	600	650	750	850	950	700
伸长率/%	δ_3	16	16	12	12	12	12	12	10	10	18
	δ_{10}		12	10	10		10	10			
断面收缩率/%		40	40	40		40	40			50
0.8 冲击韧性 a_k /J·mm^{-2}	$\approx C$	0.4	0.4	0.4		0.4	0.4			0.8
近似相当于俄罗斯钢级		Д	EM	E		Л				
近似相当于 API 钢级		J - 55	C - 75	N - 80					SAE4140	

2.8.4.1　国产平式油管抗滑扣计算

国产平式油管抗滑扣（YB239—63 标准）计算式为：

$$P_{滑} = \frac{\pi D_G b \sigma_s}{1 + \dfrac{D_G}{2l}\mathrm{ctan}(\alpha + \phi)} \tag{2 - 72}$$

2.8.4.2　国产外加厚油管抗滑扣计算

国产外加厚油管抗滑扣（YB239—63 标准）计算式为：

$$P_{滑} = \frac{\pi}{4}\left[(D_t')^2 - D_t^2\right]\sigma_s \tag{2 - 73}$$

式中　$P_{滑}$——丝扣抗滑扣载荷，N；

　　　D_t'——油管外径，mm；

　　　D_t——油管内径，mm；

　　　σ_s——油管材料屈服强度，MPa；

　　　D_G——基面完整扣的平均直径，mm；$D_G = d + b$；

　　　　　　$b = \delta - t_2 - 0.05$（锥度 1∶16）

　　　　　　$b = \delta - t_2 - 0.03$（锥度 1∶32）

δ——管体壁厚，mm；

t_2——丝扣工作高度，mm；

l——全齿丝扣长度，mm；

α——丝扣倾斜角，(°)。指丝扣剖面的斜面与管子中心线的夹角，当齿顶角为 55°时，$\alpha = 62.5°$。

2.8.4.3 国产油管抗挤毁强度计算

国产油管抗挤毁强度（YB239—63 标准）计算式为：

$$P_{挤} = 1.1K_{最小}\left\{\sigma_s + EK_0^2\rho\left(1 + \frac{3e}{2K_{最小}\rho^3}\right) - \sqrt{\left[\sigma_s + EK_0^2\rho\left(1 + \frac{3e}{2K_{最小}\rho^3}\right)\right]^2 - 4EK_0^2\rho\sigma_s}\right\} \tag{2-74}$$

式中 $P_{挤}$——抗挤压力，MPa；

e——椭圆度 ≈ 0.01；

E——弹性系数 2.1×10^5，MPa。

$$K_{最小} = \frac{\delta_{最小}}{D'_t} \tag{2-75}$$

$$K_0 = \frac{\delta_0}{D'_t} \tag{2-76}$$

$$\rho = \frac{K_0}{K_{最小}} = \frac{\delta_0}{\delta_{最小}}$$

$$\delta_{最小} = 0.875\delta ；\delta_0 = 0.904\delta$$

D-55 油管承压能力高达 50MPa；在螺杆泵抽油时，一般不用考虑内压。

2.8.4.4 等直径油管最大允许下入深度计算公式

等直径油管最大允许下入深度（适用于国产、美制）计算公式为：

$$h = \frac{P_{滑}}{mq_r} \tag{2-77}$$

式中 h——油管最大允许下入深度，m；

m——安全系数（取 1.3），API 油管安全系数，取 1.015；

q_r——油管每米重量（按每 8m 带一接箍算），N/m。

2.8.4.5 不等直径油管最大允许下入深度计算公式

不等直径油管最大允许下入深度（适用于国产、美制）计算公式为：

$$H = \frac{P_{下}q_{上} + (P_{上} - P_{下})q_{下}}{mq_{上}q_{下}} \tag{2-78}$$

式中 H——深度，m；

$P_{上}$，$P_{下}$——上、下部油管抗滑扣载荷，N；

$q_{上}$，$q_{下}$——上、下部油管每米重量，N。

潜油螺杆泵井与自喷井不同，除考虑油管自重（见式 2 - 78）外，还应考虑油管内的液柱负荷，但不必向有杆泵那样考虑抽油杆的重量，计算数据见表 2 - 3。

表 2 - 3　国产平式、外加厚油管使用性能规范表（YB239—63 标准）

使用性能		平式油管						加厚壁油管					
油管质量	光油管每米质量/kg	38	50.8	63.5	76	89	102.6	38	50.8	63.5	76.2	89	102.4
	两端加厚增重/kg	—	—	—	—	—	—	0.4	0.3	0.9	1.3	1.4	1.6
	每个接箍质量/kg	0.5	1.3	2.4	3.7	4.6	5.2	0.8	1.5	2.9	4.3	6.0	6.4
	按每 8m 带一个接箍的平均每米质量/kg	4.5	7.1	9.7	13.9	16.1	19.5	4.6	7.3	9.8	14.2	16.3	19.9
每米内容积/dm³		1.276	1.987	3.019	4.525	6.165	7.011	1.276	1.987	3.019	4.525	6.165	7.901
每米外容积/dm³		1.832	2.856	4.135	6.207	8.107	10.26	1..832	2.856	4.185	6.207	8.107	10.261
丝扣抗拉极限载荷/10⁴N	PZ_1	10	17.5	24.8	37.5	38.6	47.8	17.8	27.8	37.3	53.8	62.1	75.4
	PZ_2	11.8	20.8	29.4	44.7	45.9	56.7	21.1	33.0	44.3	63.9	73.7	89.6
	PZ_3	15.6	27.4	38.7	58.5	60.2	74.6	27.8	43.5	58.3	84.0	97.0	118.0
	PZ_4	17.15	20.15	42.6	64.5	66.4	82.2	30.6	47.8	64.1	92.5	106.8	129.7
管身抗拉极限载荷/10⁴N	PZ_1	17.8	27.8	37.5	53.8	62.1	75.4	17.8	27.8	37.3	53.8	62.1	75.4
	PZ_2	21.1	33.0	44.3	63.9	73.7	89.8	21.1	33.0	44.3	63.9	73.7	89.6
	PZ_3	27.8	43.5	58.3	84.2	97.0	118.0	27.8	43.5	58.3	84.2	97.0	118.0
	PZ_4	30.6	47.8	64.1	92.5	106.8	129.7	30.6	47.8	64.1	92.5	106.8	129.7
抗内压/MPa	PZ_1	53.1	531	482	467	409	392	531	531	482	467	409	392
	PZ_2	63.1	631	572	555	485	465	631	631	572	555	485	465
	PZ_3	82.8	829	573	730	638	612	830	830	753	730	638	612
	PZ_4	91.3	913	829	803	703	673	913	913	829	803	703	673
抗外压/MPa	PZ_1	34.7	367	338	337	270	259	347	367	338	337	270	259
	PZ_2	40.8	432	395	394	313	297	408	432	395	394	313	297
	PZ_3	49.7	530	478	473	373	353	497	530	478	473	373	353
	PZ_4	56.7	604	547	541	420	398	567	604	547	541	420	398
等直径油管最大可下入深度/m	PZ_1	1730	1922	2020	2110	1880	1930	3120	3000	2980	2980	2980	2980
	PZ_2	2455	2285	2390	2510	2240	2280	3580	3600	3550	3530	3540	3540
	PZ_3	2700	3010	3145	3300	2940	3000	4010	4700	4660	4640	4660	4670
	PZ_4	2970	3315	3065	3064	3240	3310	5780	5170	5130	5110	5130	5130

注：PZ_1、PZ_2、PZ_3、PZ_4——分别代表不同的钢级。

参 考 文 献

[1] 万邦烈. 单螺杆式水力机械［M］. 山东：石油大学出版社，1993.

[2] 韩修廷，王秀玲，焦振强. 螺杆泵采油原理及应用［M］. 黑龙江：哈尔滨工程大学出版社，1998.

[3] 王世杰，李勤. 潜油螺杆泵采油技术及系统设计［M］. 北京：冶金工业出版社，2006.

3 螺杆泵定子橡胶及其磨损分析

螺杆泵转速优化的主要目的是提高螺杆泵的效率，延长螺杆泵的使用寿命，其实质即为提高螺杆泵定子橡胶的耐磨性，降低其磨损量。材料的磨损是一种十分复杂的现象，它不仅取决于材料本身的性质，而且还是一个具有时变特征的渐进微观动态过程，同时还受到它所在的摩擦学系统（包括环境）中多方面因素的相互影响和相互作用。对磨损的研究必然涉及到物理、化学、力学、热力学、材料科学和机械工程等多种学科和科学技术领域的问题[1]。为此，本章将综述目前螺杆泵定子所用的橡胶及其磨损的研究现状，并从摩擦学系统的角度分析橡胶的磨损。

3.1 螺杆泵定子橡胶

3.1.1 橡胶材料基本特征

橡胶是由许多大分子组成的一种高分子化合物。它的每个大分子都是由共价键联结的许多化学结构单元组成的一条非常长的大分子链。每个高分子链的结构有三种基本类型，即线型高分子（直链型高分子）、支化型高分子（支链型高分子）和交联型高分子（网状型高分子)[1]。

与金属材料相比，橡胶一般具有以下特征：

（1）弹性形变很大，而弹性模量极小。橡胶的弹性形变可达 1000%，而大多数高分子材料的弹性形变只有 1%，一般金属的弹性形变小于 1%。橡胶的弹性模量大约只有钢的 $1/10^5$，而且会随温度的上升成比例地增大，而金属材料的弹性模量却正相反。

（2）泊松比的数值（0.49）比一般金属材料的大，接近于液体的泊松比（0.5），所以橡胶在发生形变时，其体积几乎不变，而金属则不同。

（3）未交联橡胶弹性形变的发展具有明显的时间相关性，即松弛特性，而金属没有这种特性。

（4）形变过程中的热效应较明显，即橡胶在快速拉伸时放热，自行恢复时吸热，而金属材料则与此相反。

3.1.2 螺杆泵定子橡胶应具有的性能

采油工况非常复杂，定子橡胶往往承受高温、高压气体、强腐蚀介质、砂粒冲击等多因素的作用，下面将从多个方面论述潜油螺杆泵定子橡胶应具备的性能。

3.1.2.1 耐油性

适用于潜油螺杆泵的定子橡胶首先应具有非常好的耐油性，其耐油性的好坏取决于橡胶和原油极性的差异。原油极性由烃类化合物的极性决定，烃类化合物主要由烷烃、环烷烃和芳香烃以及不饱和烃组成，它们的极性大小为：芳香烃 > 不饱和烃 > 环烷烃 > 烷烃，因此它们在石油中的相对含量将直接决定原油的极性[2]。根据相似者相溶理论，当橡胶与原油的极性相反时，不易发生溶胀。原油一般为非极性，因此应选用带有极性基团如氰基、酯基、羟基和氯原子的橡胶。

3.1.2.2 耐腐蚀性

由于原油中存在大量腐蚀介质，如元素硫、硫化氢、硫醇、硫醚、噻吩等硫化合物，脂肪酸、环烷酸、芳香酸等酸性物质，以及 $NaCl$、$CaCl_2$、$MgCl_2$ 等氯化物受热水解生成的 HCl 等[3~5]。它们首先向橡胶渗透、扩散，然后与橡胶中活泼基团反应，进而引起橡胶大分子中化学键和次价键的破坏，使橡胶分子结构发生分解以致失去弹性。因此要使橡胶对化学腐蚀性物质有较好的稳定性，首先使其分子结构要有高度的饱和性，且不存在活泼的取代基团，或者在某些取代基团的存在下，橡胶分子结构中的活泼部分（如双键、α 氢原子等）被稳定。其次，分子间作用力强，分子空间排列紧密呈定向分布，都会提高对化学腐蚀的稳定性。

3.1.2.3 耐热性

由于油井深度一般在 1000m 以下，温度较高，橡胶制品应在长期的工作时间内应保持稳定的物理力学性能，如弹性、强度、伸长率和硬度等。其本质在于高温下橡胶制品能够抵抗氧、腐蚀性化学物质和机械疲劳等因素的影响。

橡胶的热分解温度取决于橡胶分子结构的化学键性质，化学键能越高，则具有优越的耐热性，同时具有低不饱和特性的橡胶在高温腐蚀条件下能表现出优良的耐热性[6]。

3.1.2.4 耐气透性

油井中存在的气体有二氧化碳、硫化氢和甲烷等气体，在高压的作用下，易渗透到橡胶内部，并和橡胶发生加成反应，产生交联，降低其物理性能。

沸点高和化学组成与橡胶相近的气体较易溶于橡胶。当橡胶中含有极性基团时，分子间吸引力大，分子链之间的空隙小，因而能有效地阻碍气体分子的扩散。同时当橡胶分子链上含有大侧基时，空间位阻较大，也能阻碍气体分子扩散。因此这两类橡胶的扩散系数都比较低[7]。

3.1.3 常用的螺杆泵定子橡胶材料[8,9]

3.1.3.1 丁腈橡胶

丁腈橡胶又称丁二烯－丙烯腈橡胶，简称 NBR，平均分子量 70 万左右。灰白色至浅黄色块状或粉状固体，相对密度 0.95 ~ 1.0。丁腈橡胶具有优良的耐油性，其耐油性仅次于聚硫橡胶和氟橡胶，并且具有优良的耐磨性和气密性。耐热性优于丁苯橡胶、氯丁橡胶，可在 120℃ 长期工作。气密性仅次于丁基橡胶。丁腈橡胶的性能受丙烯腈含量影响，随着丙烯腈含量增加，拉伸强度、耐热性、耐油性、气密性、硬度提高，但弹性、耐寒性降低。丁腈橡胶耐臭氧性能和电绝缘性能不佳，但耐水性较好。

丙烯腈质量百分含量分为低腈（17% ~ 23%）、中腈（24% ~ 30%）、中高腈（31% ~ 34%）、高腈（35% ~ 41%）、极高腈（42% ~ 53%）五类。

随着丙烯腈含量的提高，NBR 硫化胶的主要性能变化如下：

（1）拉伸强度、定伸应力和硬度有一定提高；

（2）在作为耐油性指标的润滑油和燃料油中浸渍的体积膨胀率减小；

（3）作为耐寒性指标的吉曼扭转试验值增大，耐寒性呈现降低趋势；

（4）回弹性降低，振动生热稍有升高；

（5）压缩永久变形略微增大。

3.1.3.2　羧基丁腈橡胶

羧基丁腈橡胶系由丁二烯、丙烯腈和有机酸（丙烯酸、甲基丙烯酸等）三元共聚而成，丙烯腈单体结构单元含量一般在 31% ~ 40%，羧基含量为 2% ~ 3%，在分子链中约 100 ~ 200 个碳原子中含有一个羧基，简称 XNBR。相对密度 0.98 ~ 0.99。引入羧基增加了极性，增大 NBR 与 PVC 和酚醛树脂的相容性，赋予高强度，具有良好的黏接性和耐老化性，改进了耐磨性和撕裂强度，可进一步提高耐油性。羧基丁腈橡胶具有优良的耐热油、耐磨、耐水溶胀性能。

3.1.3.3　丁腈橡胶与聚氯乙烯共混胶

丁腈橡胶与聚氯乙烯或羧基丁腈橡胶与聚氯乙烯的共混胶为橡塑混炼胶，与丁腈橡胶相比，有更好的挤出性能、耐油、耐化学药品、耐溶剂性、耐水性和耐磨性，而且尺寸稳定性较好，对定、转子配合更易控制。对于工况温度 80 ~ 120℃、压力 25 ~ 35MPa 的深井，因井下温度较高，易使橡胶变软、硬度降低，橡胶膨胀严重，定、转子配合更为紧密，摩擦扭矩、制动扭矩增大，橡胶更易疲劳和老化。这时定子橡胶可采用硬度较高的丁腈橡胶与聚氯乙烯或羧基丁腈橡胶与聚氯乙烯的共混胶。

3.1.3.4　氟橡胶

氟橡胶（fluororubber）是指主链或侧链的碳原子上含有氟原子的合成高分子弹性体。主要的类型有氟橡胶 23（偏氟乙烯和三氟氯乙烯共聚物）、氟橡胶 26（偏氟乙烯和六氟丙烯共聚物）、氟橡胶 246（为偏氟乙烯、四氟乙烯、六氟丙烯三元共聚物）、氟橡胶 TP（四氟乙烯和碳氢丙烯共聚物）、偏氟醚橡胶（偏氟乙烯、四氟乙烯、全氟甲基乙烯基醚、硫化点单体四元共聚物）、全氟醚橡胶和氟硅橡胶等。氟橡胶的主要特点为：

（1）稳定性。氟橡胶具有高度的化学稳定性，是目前所有弹性体中耐介质性能最好的一种。26 型氟橡胶耐石油基油类、双酯类油、硅醚类油、硅酸类油，耐无机酸，耐多数的有机、无机溶剂、药品等，仅不耐低分子的酮、醚、酯，不耐胺、氨、氢氟酸、氯磺酸、磷酸类液压油。23 型氟胶的介质性能与26 型相似，且更有独特之处，它耐强氧化性的无机酸如发烟硝酸、浓硫酸性能比 26 型好，在室温下 98% 的 HNO_3 中浸渍 27 天它的体积膨胀仅为13% ~ 15%。

（2）耐高温性。氟橡胶的耐高温性能和硅橡胶一样，可以说是目前弹性体中最好的。26 - 41 氟胶在 250℃ 下可长期使用，300℃ 下短期使用。246 氟胶耐热比 26 - 41 还好。在 300℃ × 100h 空气热老化后的 26 - 41 物性与 246 型的性能相当，其扯断伸长率可保持在 100% 左右，邵氏硬度 90 ~ 95。246 型在 350℃ 热空气老化 16h 之后保持良好弹性。在 400℃ 热空气老化 110min 之后保持良好弹性，在 400℃ 热空气老化 110min 之后，含有喷雾炭黑、热裂法炭黑或碳纤维的胶料伸长率上升约 1/2 ~ 1/3，强度下降 1/2 左右，仍保持良好的弹性。23 - 11 型氟胶可以在 200℃ 下长期使用，250℃ 下短期使用。

（3）耐老化性。氟橡胶具有极好的耐天候老化性能、耐臭氧性能。据报道，DuPont 开发的 VitonA 在自然存放十年之后性能仍然令人满意，在臭氧浓度为0.01% 的空气中经 45 天作用没有明显龟裂。23 型氟橡胶的耐天候老化、耐臭氧性能也极好。

（4）力学性能。氟橡胶具有优良的物理力学性能。26 型氟橡胶一般配合的强度在 10 ~ 20MPa 之间，扯断伸长率在 150% ~ 350% 之间，抗撕裂强度在 3 ~ 4kN/m 之间。23 型氟橡胶强度在 15.0 ~ 25MPa 之间，伸长率在 200% ~ 600%，抗撕裂强度在 2 ~ 7MPa 之间。一般地，氟橡胶在高温下的压缩永久变形大，但是如果在相同条件下比较，如从 150℃ 下同等时间压缩永久变形来看，丁基和氯丁橡胶均比 26 型氟胶要大，26 型氟橡胶在 200℃ × 24h 下的压缩变形相当于丁基橡胶在 150℃ × 24h 的压缩变形。

3.1.3.5 氢化高饱和丁腈橡胶

HNBR 是对 NBR 链段上的丁二烯单元进行选择氢化，将不饱和双键加氢反应生成饱和碳 - 碳单键。HNBR 分子链中主要包括：丙烯腈单元，提供优异的耐油性能和高拉伸强度；氢化了的丁二烯单元，类似于 EPR 链段，提供良好的耐热、耐老化和低温性能；少量含有双键的丁二烯单元，提供交联所需的不饱和键。HNBR 在分子结构上的特点，使其具有良好的耐热和耐老化性能、耐含腐蚀性添加剂的汽车用油的性能、耐低温性能，以及具有能在高温下仍保持与常温相当的物理力学性能的品质。氢化高饱和丁腈橡胶的主要性能为：

（1）耐油和耐老化性。HNBR适用于工作介质为油的150℃高温环境下长期工作，这是NBR、CSM和CR所不能达到的。若以一定温度下伸长率的变化不得大于80%且无裂缝生成。作为材料使用寿命的评价标准，用过氧化物硫化的HNBR在150℃下使用寿命为1000h。用过氧化物硫化的Zetpol 2000在160℃的空气环境中可连续使用1000h以上，而NBR和CR只能在106℃和101℃下达到1000h使用寿命。

（2）耐化学介质和耐臭氧性能。HNBR具有在高温下耐酸、碱、盐、氟碳化合物以及各种含强腐蚀添加剂的润滑油和燃料油的化学稳定性。它对诸如热水（150℃）、有机酸（30%醋酸）、无机酸（25%盐酸、20%磷酸、25%硝酸）、碱（30%氢氧化钠、28%氨水）、盐（30%氯化钠、10%磷酸钠）、脂肪烃、醇（甲醇、乙醇）等各种介质有良好的抗耐性。此外，对润滑油、燃料油中的各种添加剂的抗耐性也优于NBR、FKM和ACM，如Zetpol2020在含有添加剂的150℃的ASTM 2油中浸泡168h后，仍具有较高的拉伸强度保持率。HNBR在静态和动态耐臭氧试验条件下历时1000h，未出现臭氧裂纹，显示出优良的耐臭氧老化性能。

（3）物理机械性能。HNBR的拉伸强度一般可达30MPa，用甲基丙烯酸锌接枝改性的ZSC可达50~60MPa，高于FKM、NBR、CSM。其抗压缩永久变形突出，优于FKM和NBR。此外还具有优异的耐磨性，磨损试验表明，其耐磨性能分别为NBR的2~3倍和FKM的3~4倍。

（4）加工性能。HNBR的加工性能与NBR相似，比FKM易于加工。可以填充较多黑色或白色填料，以适当降低成本。其硫化方法，依据牌号不同，有的可以用硫黄或过氧化物硫化，如Zetpol1020、Zetpol2020、Zetpol2020L，有的只能用过氧化物硫化，如Zetpol2000、Zetpol2000L。使用同样的胶黏剂与金属黏接，可获得与NBR相近的黏接强度。

3.2　实际工况下定子橡胶的选择

定子橡胶成分的不同，将直接影响螺杆泵的性能和寿命。同时，螺杆泵使用工况的不同，也对定子橡胶的性能提出不同的要求，同一种定子橡胶是难以适应各种工况需求的。因此，追求橡胶某种单一特性，如耐高温或耐磨等，是对定子橡胶研究中的一个误区。要使螺杆泵的性能更加优越，重点不应放在单纯追求定子橡胶某种特性的提高上，而应是使定子橡胶性能更加符合螺杆泵的使用工况。本节主要介绍与螺杆泵工作原理相同的螺杆钻具定子橡胶依据实际工况的材料选择[10]，望为螺杆泵定子橡胶的选择提供参考。

3.2.1 常规浅井

国内陆地油田常规定向井造斜井段一般在井深1000m以内，井下温度为30～50℃。在此对定子橡胶耐高温的要求是次要的，因为温升较小、橡胶的膨胀较小、硬度变化不大。这时对定子橡胶的主要性能要求应是耐磨、抗疲劳、抗老化。橡胶受挤压后变形较小，宜采用常温下较软的橡胶。橡胶与金属的黏接强度，宜应使钻具定子能承受的反扭矩大于钻具制动扭矩。考虑到这种钻具使用最广泛，橡胶应使用较为廉价的、传统的丁腈橡胶（NBR）和羧基丁腈橡胶（XNBR）。在马达廓形确定以后，需要做的只是选择好定、转子的配合，并根据现场使用的钻井液流量来调节定、转子间隙，控制制动扭矩。

3.2.2 深井或超深井

当螺杆钻具下入井深达2500m以下或3500m以上时，螺杆钻具的使用工况为温度80～120℃、压力25～35MPa。随井下温度的升高，橡胶膨胀严重，钻具定、转子更为紧密，摩擦扭矩、制动扭矩增大，橡胶更易疲劳、老化。这时对定子橡胶特性的要求主要是耐高温，而且应使橡胶的温度膨胀率稍低，以免造成定、转子配合更紧后，制动扭矩大大增加而扭断螺杆钻具的转动部分。同时对橡胶金属之间黏接强度要求也较高（因井深，实际钻压难以控制很稳，扭矩过载是必须考虑的）。井下温度较高时，橡胶变软、硬度降低，所以这时定子橡胶在常温下硬些为好。这种钻具目前使用还较少，而且一般应用在较深的井，但今后可能会广泛使用。采用较好的橡胶，成本会适当提高，属正常。采用NBR/PVC（聚氯乙烯）或XNBR/PVC共混胶较好，其各种性能均较NBR或XNBR好，尺寸稳定性也好，对定、转子配合更易控制。

3.2.3 水平井

在大斜度井及水平井中使用的螺杆钻具，多数要求钻具较短，便于造斜，钻具马达级数减少，产生的扭矩却要接近于常规浅井用的螺杆钻具。橡胶定子单位面积上的受力往往大幅度增加，同时在大斜度甚至水平状态下工作。由于重力作用，定子受力不均匀，造成定子橡胶更易因挤压、撕裂等原因失效或因橡胶与金属黏接强度不够而整体脱胶。总之，螺杆钻具定子工作环境更为复杂，同时由于水平井钻井成本高，钻井液携带岩屑困难，井内若失去钻井液循环，极易造成井下事故。这就要求螺杆钻具的可靠性要好，橡胶整体性能，如强度（抗撕裂、抗挤压）、抗疲劳老化、金属与橡胶黏接强度以及其他特性均要较优，而成本则是次要的。因此，作者认为，对于这种螺杆钻具的定子橡胶应采用目前备受推崇的氢化高饱和丁腈橡胶（HNBR）为好。虽然其成本较NBR高出20～30倍，但钻具在使用中的经济性是很好的。

3.2.4 特殊工况

所谓钻井工况特殊，是说工况相对螺杆钻具定子橡胶而言是较特殊的，如高温、高强度、较大冲击等。如在温度大大高于正常地温梯度的地区使用；地层极硬而要求扭矩很大的地层中使用；地层岩性变化较大；钻井中扭转振动较大而螺杆钻具经常失速的地层中使用；还有，如海洋钻井中使用；边缘地域深井、救援井中使用等特殊钻井工况。此时对钻具性能各有不同要求，应根据需要选择适当的定子橡胶类型。对可靠性要求较高的地方，应采用动态性能较好的定子橡胶。

目前国内解决螺杆钻具橡胶性能，主要依靠改变胶料填充物的比例来获得超常规的物理性能指标，对其动态性能研究甚少，往往造成定子橡胶的物理性能指标有所提高，但螺杆钻具使用性能并不理想。有关资料称：对长期受周期性挤压变形的橡胶而言，高频的周期性挤压变形中，橡胶会产生自动的温升和终动永久变形。自动温升过高会造成橡胶过早老化。终动永久变形过大，不仅会使定子弹性降低而失去密封作用，而且会使橡胶因疲劳而失效。所以，选择定子橡胶除常规力学性能外，还应考虑其动态性能。为此，提出针对不同钻井工况选择橡胶类型及力学性能的大致范围，如表 3 - 1 所示。

表 3 - 1 各种类型橡胶及其力学性能

钻具使用工况	橡胶种类	橡胶主要力学性能		
		硬度 A	抗拉强度 σ/MPa	扯断伸长率 δ/%
常规井	NBR、XNBR	65 ~ 75	20	300
深井	NBR/PVC XNBR/PVC	65 ~ 75	20	250
水平井	HNBR	65 ~ 75	22	280
特殊井	根据实际工况选择			

除橡胶的物理性能外，螺杆钻具定、转子的配合也是决定性能和寿命的关键因素。作者认为，应根据使用工况下的制动扭矩反推到常温状态下，并考虑现场使用钻井液流量来决定配合尺寸，才能使螺杆钻具性能更加优越。

这就要求生产厂家和钻井队合作，要根据现场不同工况、不同钻井液流量来分别设计、生产和选择使用不同的螺杆钻具，避免混用或错用。常规浅井使用的螺杆钻具用于深井时，往往会由于扭矩过大或橡胶性能不好而失效，而深井用螺杆钻具用于常规井时也会出现漏失量过大而扭矩不足等现象。

3.3　螺杆泵定子橡胶实物磨损分布规律

将现场报废的单螺杆泵定子截为五段，并测量其磨损，发现磨损规律（见图 3 - 1）：

（1）在横截面上，磨损主要发生在两对角上，两侧磨损量逐渐变小，在型腔中间磨损量很小，几乎为零；

（2）型腔在通过其轴线的截面里，越接近传动轴万向节的横截面上的磨损量越大，即磨损呈喇叭状[11,12]。

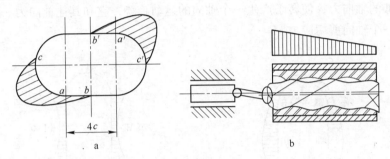

图 3 - 1　螺杆泵定子橡胶现场实物磨损分布规律[1,2]

3.4　螺杆泵定子橡胶磨损分析研究现状

综合现有的文献，本节将分别从自身的结构参数、受力分析、机械结构、有限元、摩擦学、流体动力学和结构力学的角度对定子橡胶的磨损进行分析[11~16]。

3.4.1　从自身结构参数角度分析定子橡胶磨损

3.4.1.1　运动形式对定子磨损的影响

根据定子与转子间接触点相对线速度大小得出的磨损规律见图 3 - 2。可以看出 6 点与 4 点磨损最大，7 点与 3 点磨损最小。从现场磨损的定子中拓绘了大量的定子截面图，经过统计分析后得出如下结论：在除去人为因素造成损害的情况下，定子产生的磨砺性磨损形式完全与图 3 - 2 相吻合，所以图 3 - 2 定性

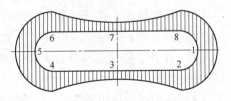

图 3 - 2　定、转子相对滑动速度分布

地代表了定、转子副间运动形式造成的磨损规律。通过论证得出在泵的排量 Q、导程 T、转速 n 一定时，且 $d/e = 4$ 时泵的磨损速度最小（d 为转子截面直径，e 为偏心距）。

3.4.1.2　离心力所造成的定子磨损规律

离心力不但是造成许多单螺杆泵泵体振动的主要原因，而且也是定子所受法向压力的主要来源之一，因此不容忽视离心力对定子的磨损损害作用。离心力作用点沿轴向展开，同一瞬时其作用力方向一致。在沿轴向的 0、$\pi/2$、$3\pi/2$、2π 四个截面上只产生挤压应力，在其余截面上则可分解为正挤压应力和侧切应力，其数值大小不同。在单一截面上正挤压应力分布如图 3-3 所示。侧切应力分布规律如图 3-4 所示，此作用力分布在垂直于轴向的横截面内，对定子橡胶产生剪切应力。作用于定子型腔上的离心力除对定子产生上述剪切应力外，还将产生一个附加的轴向力，使转子产生一个轴向的运动趋势，它和其他轴向力一起对定子产生一个轴向剪切应力。

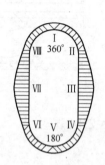

图 3-3　正挤压应力分布

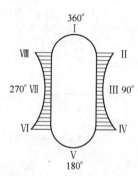

图 3-4　侧切应力分布

综上所述，离心力的作用加重了定子型腔的受力与磨损。通过对 4 种泵的近百个定子进行分析后可证明：在定子使用到中后期时，随着定、转子过盈量的减小，离心力对定子造成的磨损逐渐占主导地位。

通过分析，可得出以下结论：

（1）对于排量一定的实心转子单螺杆泵，加大导程 T 可减小离心力的损害作用。

（2）改变转速 n 将线性地影响离心力的变化。

（3）偏心距 e 的减小不得以 d 的加大为代价，否则，适得其反。

（4）对于排量一定的空心转子单螺杆泵，转速是影响离心力的主要因素，且为线性关系。

（5）在轴向力许可的条件下，转速的降低可以以导程的加大为代价，也可以以有效截面积的加大为代价。

（6）空心转子单螺杆泵相对实心转子单螺杆泵更容易优化结构，实践中应大力推广。

3.4.1.3　工作载荷造成的定子磨损规律

工作压力越高，定子受挤压力越大，在多个导程的泵中，越接近出水段的导程，其受压力影响越大。它一方面减弱了定子橡胶的退让能力和潜藏能力，间接地加速了定子的磨损；另一方面，在同一截面的不同部位，不同程度地加大了法向压力，直接影响定子磨损速度的大小。

在稠油地面输送泵的实际工作中，轴向力很高，其结果将推动转子产生后窜趋势。此力除被偏心联轴节水平分力平衡大部分外，其余部分均作用于定子沿轴线的一连续点，这是造成定子橡胶撕裂、脱胶、掉块的主要原因之一，这种现象主要发生在定子股线上。

通过上述分析可知：

（1）对于单螺杆泵，T/e 的值与泵受轴向力的危害程度成反比；

（2）定子橡胶的硬度过高，不但会加速泵的正常磨损，而且还易于造成定子橡胶的脱胶、撕裂、掉块等现象发生。

3.4.2 从受力角度分析定子橡胶磨损

3.4.2.1 单螺杆泵定子受力分析

从单螺杆泵工作原理[17]来看，定子主要受两种力交互作用：一是定子与转子所形成的密封腔室内的物体对定子的作用力；二是转子在与定子啮合处对定子的作用力 F_r。下面分别分析这两种力。

（1）物体对定子的作用力。物体对定子的正压力主要包括工作压力 P_w 和物体的重力作用力 P_g，这两种力作用在定子上产生摩擦力和摩擦力矩。由于 P_g 远小于 P_w 的作用，所以物体对定子的正压力主要是工作压力 P_w。

（2）转子对定子的作用力。转子对定子的作用力等于各个外力对转子的作用力与离心惯性力矢量和，作用力产生的力矩等于液压差产生的力矩与万向联轴器离心力所产生的力矩和。

3.4.2.2 单螺杆泵定子磨损分布规律

（1）物体对定子的作用力。物体对定子的作用力主要是工作压力的作用，而工作压力在定子型腔内是均匀分布的，因而该作用力对定子各部位的磨损影响是相同的。

（2）转子对定子的作用力。现从定子在转子作用下应变情况来确定转子对定子的作用在两条作用线上的分布规律。橡胶形变量与其受力之间并非线性关系，但当定子的变形量不大时，可认为其应力–应变成线性关系[18]。

A 液体压差的作用

液体压差产生的作用力在三个方向的分量分别是轴向力、横向力和倾倒力（倾倒力矩）。在横向力的作用下，转子压向在定子上由直线形成的螺旋面一侧，这样定子在该侧产生了相应的变形，可认为变形一致，则在该侧的作用线上的作用力是均匀分布；而另一侧有离开的趋势，可以认为该侧的作用线上没有力的作用。

转子受倾倒力矩的作用时，它的两端将向相反方向偏离其理论啮合位置，沿圆弧方向压向定子，在作用线上产生正压力，从而使转子－定子副中产生摩擦力和摩擦阻力矩。

如图 3 – 5 所示，设下端（$Z_1 = 0$）在 $x_1 o_1 z_1$ 平面上的位移为 Δ_1，上端在同一平面上向相反方向移动的距离为 Δ_2。由此可见，定子一个导程的上、下端的变形最大，因而两端的受力也最大。

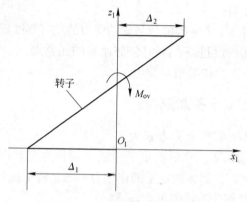

图 3 – 5　倾倒力矩作用力

从以上分析可知，对于一个导程的定子，其上、下端受倾倒力矩产生的作用力最大，且受横向力产生同样大小的作用力。而一个导程的转子的上下端与定子的半圆弧接触，由于横向力使转子压向定子上由直线形成的螺旋面一侧，而倾倒力矩使转子沿圆弧接触线压向定子，这样，横向力与倾倒力矩的联合作用，使得受压侧直径与圆弧连接点处受力最严重。

由于转子所受的横向力、倾倒力矩大小不变，方向却不断变化，而定子为橡胶类高弹性材料，因而引起定子和转子的振动，造成介质嵌入定子与转子啮合处，形成三体湿磨粒磨损。在这种磨损形成下的定子半圆弧处由于受力最大，加上接触面最大，定子与转子之间进入的介质最多，因而磨损也最大，进而定子与转子之间的间隙也越来越大，进入的介质也越来越多，这样磨损也就越来越严重，这就是定子受压侧直径与圆弧连接点处的磨损最大的原因。

从以上分析可以看出，文献［12］提出的新型单螺杆泵定子结构（图 3 – 6）很难较大地改善定子耐磨性，因为影响单螺杆泵定子的工作寿命是定子与转子啮合程度，而图 3 – 6 只是增厚了定子磨损严重处，并未改善定子与转子啮合程度，并且橡胶厚度对橡胶磨损影响不大[19]。

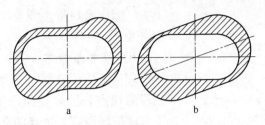

图 3-6   新型单螺杆泵定子结构

B   万向联轴器的离心力作用

万向联轴器的离心力在转子上产生的作用力 F_{2c} 不仅产生横向作用，而且还产生附加弯矩 $M(F_{2c})$，增加靠近联轴器的定子磨损，从而形成喇叭状磨损。

C   单螺杆泵转子的惯性力作用

转子的惯性力也使转子压向定子。产生正压力，从而产生磨损。

从以上分析可以看出，要提高单螺杆泵工作寿命，必须解决定子与转子的啮合问题，可见解决定子磨损问题应该提高定子材料在湿磨粒磨损条件下的耐磨性。

3.4.3   从机构构形角度分析定子橡胶磨损

构件中运动副的磨损分布规律，主要决定于机构构形所形成的固有特性。对于单螺杆泵的磨损规律，如用平面泵螺旋演化的原理来分析和解释[20]，问题就比较清楚。这个原理指出：单螺杆泵实质上是变态平面曲柄连杆等长机构所构成的往复泵的轴向螺旋演化。在其横截面上，相当于活塞的螺杆圆形截面在作往复运动，整个密封容腔在同一横截面上一个周期里不同瞬时的闭合面积形态，和同一瞬时沿轴向在两倍导程里各个不同横截面上的闭合面积变化形态是一样的。这样空间问题用两个相互垂直的平面问题来解决，难度就比较小了。

3.4.3.1   对角直线段磨损

A   磨损发生区段

图 3-7 是螺杆回截面在一个周期里的四个典型位置，由平面曲柄连杆等长机构的运动分析可知：连杆 AB 的转向和曲柄 BC 的转向相反，即 AB 是以 B 点为中心作逆时针旋转，而 BC 则是作顺时针转动。扭矩却是从作为主动轴轴心 C 点逆时针输入，并通过一对万向节的传动轴传入偏心螺杆轴心 B，此扭矩用以使偏心螺杆逆时针转动。显而易见，在 AB 绕 B 点逆时针转动过程中，要迫使偏心点 A 作直线运动，定子型腔作为约束，在 BC 转角 α 在图 3-7a，d 所示的区间内，约束反力将出现在左下方的直线段里，而在图 3-7b，c 所示的区间内，则在右

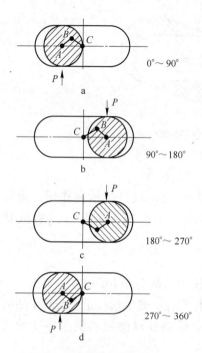

图 3 - 7　螺杆回截面在一个
周期内的四个典型位置

上方，因而磨损将主要发生在 ab 和 a'b' 区域上（见图 3 - 1）。

B　磨损量分布

理论上，偏心螺杆圆形横截面和定子直线段的切点是因摩擦而产生磨损的地方，就下方磨损区而言，主要的磨损区将是 ab 线段（见图 3 - 1），然而沿轴线不论哪一横截面，最大磨损量都发生在直线段起始点 a 的附近。这是因为在切点由左端 a 向右移动过程中，对应不同的曲柄转角 α，AB 转动相同的角位移 Δφ 后，定子被垂直压下的变形量 Δh 是不同的（图 3 - 8）（$\Delta h \approx \Delta \varphi \cdot e\cos\alpha$），当 α 由 0° 增大到 90° 时，Δh 由最大值逐渐减小到零。此外要强调指出的是：整根螺杆在各横截面的切点的变化情况是一样的，都是在直线段上作往复运动，所不同的只是沿轴向各不同横截面上切点的变化有一相位差。因而虽然各截面上的切点在不同瞬间都在变化，然而对应某一瞬间，沿轴向各横截面里，只有相当于 α = 0° 和 α = 180° 的截面上（即此截面里的 AB 和 BC 为一直线）切点的垂直压下量将是最大（根据虎克定律，所受的挤压应力亦将是最大），而其他横截面上的切点在此瞬间，因为构形上存在一个相位差，挤压应力将沿轴向依次递减，而且在这一瞬间的各横截面里，只有相当于 α = 90° 或 α = 270° 的截面上（即此截面里的 AB 和 BC 垂直）切点的垂直压下量将为零，因而不受挤压，换言之，这些截面在此瞬间对偏心螺杆是不起约束作用的。就某一瞬间而言，把各切点连起来就是整根螺杆的啮合线，它类似一根螺旋线。在螺杆传动过程中螺旋线也随之转动。整根偏心螺杆在某一瞬间在定子的各个横截面上所受的约束作用将主要发生在相当于 α = 0° 或 α = 180° 的截面上，其他横截面对其约束作用是沿轴向依次递减的（当然在其他时刻，最大压下量将发生在另外一个相同条件的截面上，此时此截面的切点必将在冲程的两端点）。因而无论沿轴向哪一个横截面，磨损最厉害的地方必然是此截面的冲程

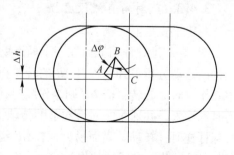

图 3 - 8　角位移 Δφ 和定子被垂直压下
的变形量 Δh 的关系示意图

左右端点。

C 支撑弹性的不均匀对磨损的影响

前面已论述，就某一瞬间，螺杆啮合线各组成点在相同转角 $\Delta\varphi$ 下对弹性支撑的压下量是不同的，因而支撑反力亦不相同。然而即使相同的压下量，磨损量将会因支撑的弹性差异而不相等。图 3-9a 所示为一直轴在等厚的弹性支撑上挤压应力的分布，毋庸置疑，应力是均布的。若弹性支撑厚度如图 3-9b 所示那样不均匀，则由于支撑反力与支撑点的弹性呈反比，因而其应力的分布无疑呈图 3-9c 状。据此可以认为：目前大多数定子的设计——圆钢套里布置了扁长形内孔的弹性型腔是不合理的，因为它反而使受力最大部分的弹性橡胶层最薄，因而弹性最小，支撑反力最大，加剧了该部分的磨损。

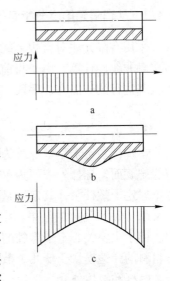

图 3-9 弹性支撑的应力分布

D 螺杆圆截面上质量偏心所引起离心载荷的影响

一般螺杆都是圆钢切削而成的，为减轻重量，往往沿轴线钻一通孔，这就使截面重心偏离圆心，从而将产生离心载荷 P。此离心载荷不仅增大泵体振动，而且也会增加定子的磨损。可以肯定：如果改用均壁的空心螺杆，必将改善振动与磨损。

3.4.3.2 横截面上 ac 圆弧段磨损

根据演化理论，A 点作为曲柄连杆等长机构的连杆销心，其运动轨迹是往复直线运动，其冲程 S 是偏心距 e 的 4 倍，因而圆弧段按理是不应该产生磨损的。问题在于曲柄 BC 并非平面曲柄，而是"空间曲柄"——万向联轴节两关节点在横截面上的投影，投影长度恰好也等于 e，这是因为被定子所制约的结果。就万向节自身结构而言，其投影长度是可变的，因此作为冲程长度的约束，定子圆弧段产生磨损就可理解为转子压向定子表面并同时自转的结果。如果另外有构件来控制联轴节投影 BC 的长度，例如在联轴节运动副的适当部位设置挡块，通过控制轴间角来控制 BC，那么端部横截面上圆弧段的磨损将被改善，但沿轴线远离端面的其他横截面，由于空间曲柄在这些截面上仅是虚的投影，效果将因此递减。

3.4.3.3 喇叭状磨损分布

带十字轴万向节的传动轴虽能进行不同心的二轴间扭矩的传递，但传递过程将产生附加弯矩，它将对轴的支承产生径向的侧向载荷。显然，前述 BC 投影长度不可控及附加弯矩二因素的组合是形成喇叭状磨损的主要原因。

3.4.4   从有限元角度分析定子橡胶磨损

采用有限元法对常规单螺杆泵以及等壁厚定子单螺杆泵的定子橡胶和螺杆进行接触非线性计算，由于目前还没有能够直接对实际工况下定子橡胶的变形和接触状态进行测试的有效手段，本研究为定子的优化设计提供了理论基础和有效的数值模拟方法。

3.4.4.1   有限元模型

单螺杆泵定子是以橡胶为衬套硫化黏接在缸体外套内形成的，定子内表面是双线螺旋面，螺杆外表面为单头螺旋面，常规螺杆泵的定子外表面为圆柱形，而等壁厚定子螺杆泵，其定子是等厚度的，缸体外套的几何形状相应也有变化。根据文献 [21] 研究的结果，定子和螺杆可以采用平面应变模型，来提高求解效率。由于主要关心定子橡胶的变形及磨损，而且定子橡胶的材料比螺杆及缸体外套材料的弹性模量要低几个数量级，因而可以将螺杆及缸体外套简化成刚体。定子、螺杆和缸体外套均采用平面应变单元，定子和螺杆之间的接触界面采用点到面的接触单元。

以天津泵业机械集团生产的 G40 - 1 常规螺杆泵为例建立模型，缸体外套外径 106mm，壁厚 10mm，定子外径 96mm，螺杆直径 42mm，定子与螺杆偏心距 7.5mm。为了进行比较，等壁厚螺杆泵计算模型中的物理参数和几何参数均尽量与常规螺杆泵相同，定子厚度为 8mm。

缸体外套和螺杆材料均为 45 钢，弹性模量 $E_1 = 200 \text{GPa}$，泊松比 $\mu_1 = 0.3$，材料模型按线弹性处理。定子材料为丁腈橡胶，目前在有限元分析中对橡胶材料的本构关系通常有两种处理方法：当构件变形很小且精度要求也不是很高时，可以按线弹性处理；当构件变形较大或对分析精度要求很高时，则必须按超弹性体本构关系模型来模拟橡胶材料。由于定子变形较小，可视为不可压缩材料，橡胶材料的本构关系按线弹性处理，弹性模量 $E_2 = 4 \text{GPa}$，泊松比 $\mu_2 = 0.499$。螺杆泵工作压力为 0.6MPa。定子外径与缸体相连，缸体固定，工作时定子内表面受液体压力的作用，同时还受与螺杆接触摩擦的影响。

3.4.4.2   有限元基本原理

对于定子、螺杆和缸体，满足弹性力学的基本假设，模型离散化后有限元基本方程为[22]

$$Ku = F \qquad\qquad (3-1)$$

式中，K 为模型的整体刚度矩阵，$K = \sum K^e$，K^e 为单元刚度矩阵，$K^e = \int_\Delta B^T DB h \mathrm{d}x \mathrm{d}y$，$B$ 为几何矩阵，D 为弹性矩阵，h 为平面问题的厚度；u 为节点的位移向量；F 为外力向量。

由建立的有限元模型和材料特性，得出方程（3-1）的各项系数后，根据载荷及边界条件，可得到所求模型单元节点的位移 u'，各离散点的位移向量 $u = Nu'$。

根据 $\varepsilon = Bu'$ 可以求出单元上各节点的应变 ε，又根据弹性方程 $\sigma = D\varepsilon$ 可计算出应力。

D 的表达式为

$$D = \frac{E_0}{1-\mu_0^2}\begin{bmatrix} 1 & \mu_0 & 0 \\ \mu_0 & 1 & 0 \\ 0 & 0 & \dfrac{1-\mu_0}{2} \end{bmatrix} \qquad (3-2)$$

该问题属于平面应变，故式（3-2）中，$E_0 = E(1-\mu_0^2)^{-1}$，$\mu_0 = \mu(1-\mu)^{-1}$。

对于接触问题，模型中各变量除了满足固体力学基本方程、给定的边界条件和初始条件外，还需要满足接触面上的接触条件，即产生接触的2物体必须满足无穿透约束条件。对于接触或将要接触的2个物体，其界面的接触状态可分为分离、黏结接触和滑动接触3种。对于这3种情况，接触界面的位移和力的条件是各不相同的，也正是由于实际的接触状态在这3种情况中的转化，导致了接触问题的高度非线性特点。

对接触体实施无穿透约束的方法有 Lagrange 乘子法、罚方法、增广 Lagrange 乘子法等。这里采用罚方法，其约束算法的代数方程组为[23]

$$(K + \alpha K_P^T)u = R - \alpha\gamma_P \qquad (3-3)$$

式中，α 为罚函数；αK_P^T 为逻辑单元刚阵；R 为载荷向量；$\alpha\gamma_P$ 为逻辑单元载荷向量。

式（3-3）采用增量迭代法进行求解，在每一迭代步中需检测接触对的接触状态，并将相应的界面条件引入到系统方程组中。

通过有限元分析得到如下结论：

（1）常规螺杆泵在均匀工作压力作用下，定子与螺杆在圆弧顶接触时，剪应变和变形均大于受工作压差作用在直线段接触，由于此时接触面积大，接触压力增大，定子与螺杆之间进入的介质最多，磨损也最大，且最大剪应变位于定子圆弧段的内表面，因此定子两圆弧对角磨损最严重，两侧磨损量逐渐减小，中间最小，这与常规单螺杆泵实际磨损情况相吻合。定子和螺杆间的过盈量增加时，剪应变及变形显著增加，因此在保证泵容积效率的前提下，适当减小过盈量有利于减小磨损，提高泵的机械效率，延长泵的使用寿命。

（2）等壁厚螺杆泵由于定子壁厚相等，则在工作压差的作用下，定子与螺杆在中间位置接触时，变形和剪应变均大于圆弧顶处受均匀压力产生的变形和剪应变，且最大剪应变位于定子的外表面，即定子橡胶与缸体外套的交界面附近。过盈量增加时，变形量明显增加，但剪应变变化不显著。

（3）相同工况下，等壁厚螺杆泵定子橡胶的变形明显小于常规螺杆泵，且变形均匀，定子在圆弧顶的磨损小于常规螺杆泵；定子和螺杆间过盈量增加时，剪应变的变化比常规螺杆泵小。

（4）由于等壁厚螺杆泵定子橡胶的最大剪应变位于定子的外表面，所以定子橡胶的疲劳性能可能比常规螺杆泵差，因此在设计时要更加注意提高定子橡胶与缸体外套之间的黏接质量。

（5）采用的数值模拟方法为定子的优化设计以及合理选择定子和螺杆间过盈量等生产实践中急需解决的问题提供了理论设计依据。

3.4.5　从磨损机理角度分析定子橡胶磨损

为了解决煤炭作为能源燃烧带来的污染问题，国家实施了洁净煤系统工程。水煤浆技术作为洁净煤工程的一个重要组成部分和煤炭加工的一种新途径，越来越受到各个方面的重视。但是，目前水煤浆技术的应用遇到了一些问题，其中一个重要的方面就是输送水煤浆的单螺杆泵定子（也称衬套）耐磨性差，其工作寿命仅为 200h，而转子（也称螺杆）的工作寿命可达 800h，因而定子较差的耐磨性极大地影响了水煤浆输送效率，从而影响了水煤浆技术的应用。因此，对输送水煤浆的单螺杆泵定子磨损展开研究是十分必要的。

从单螺杆泵定子受力情况来看[18]，其磨损形式应是水煤浆对定子的磨粒侵蚀和转子（钢）对定子（橡胶材料）的湿磨粒磨损的交替作用。下面分别讨论这两种磨损形式。

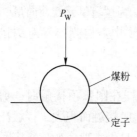

图 3 – 10　煤粉与定子
表面接触示意图

3.4.5.1　水煤浆对定子的磨粒侵蚀

首先作如下假设：　（1）颗粒为等直径的球体；（2）颗粒与定子接触为球体与平面接触；（3）忽略重力作用的影响。

如图 3 – 10 所示，在法向载荷作用下球体与定子表面发生弹性接触，根据赫兹接触理论，接触区最大接触应力为：

$$S_{max} = 1.5 P_W \approx 1.8 \times 10^4 Pa \qquad (3-4)$$

一般材料的抗压强度大于拉伸强度，因丁腈橡胶的拉伸强度高达 24MPa，所以丁腈橡胶的抗压强度大于最大接触应力 S_{max}，因此，磨粒 – 材料接触只能是弹性挤压。

3.4.5.2　转子对定子的湿磨粒磨损

由于水煤浆成分为 65% 的煤粉、30% 的水和 5% 的添加剂，因而在转子与定子的湿磨粒磨损中，由于煤粉的存在出现了软磨粒下的三体湿磨粒磨损。因为煤的弹性模量比钢低得多（煤的弹性模量 E 为 637MPa，比钢的弹性模量 $E =$

205800MPa 约低两个数量级[24]），因而在转子（钢）对定子（橡胶材料）发生湿磨粒磨损过程中煤粒在压力作用下很少会破碎，一般会发生弹性变形，棱角变得圆钝，使磨粒与材料接触面积增大，很少会直接出现微切削，其物理过程为：由于定子材料比转子材料硬度低，煤粉在转子压力 N 的作用下压入定子表面，并在转子表面产生应力作用（图 3-11a）。煤粉在对转子产生作用力 F_1 的同时，也受到 F_1'（图 3-11b），同样煤粉也受到定子的反作用力 F_2'。由于煤粉比较圆滑，因而在定子和转子的作用力 F_1' 和 F_2' 所形成的转矩作用下会出现滑动（图 3-11c）。根据以上分析，建立如图 3-11 所示的物理模型。

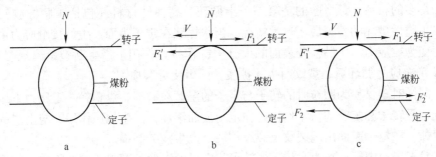

图 3-11　煤粉为磨粒时转子与定子发生三体湿磨粒磨损示意图

　　由于煤中含有微量硬矿物[24]，因而有必要分析硬磨粒下的三体湿磨粒磨损物理过程。硬矿物和煤粉不同，由于其硬度高，形状较尖锐和易压碎，因而其物理过程以切削为主，具体过程如下：由于定子材料比转子材料硬度低，硬矿物在转子压力的作用下压入定子表面（图 3-12a）。由于转子在不断的运动，因而嵌入橡胶表面的硬矿物受到转子的拉力作用 F_1'（图 3-12b），同时在定子表面也会产生拉力 F_2，出现拉伸变形，知道产生的弹性反力超过橡胶表面分子链强度，出现分子链断裂（图 3-12c）。根据以上分析，建立如图 3-12 所示的物理模型。

3.4.5.3　定子磨损机理讨论

　　对于水煤浆对定子的磨粒磨损，主要是磨粒在定子表面的弹性挤压。圆柱滑

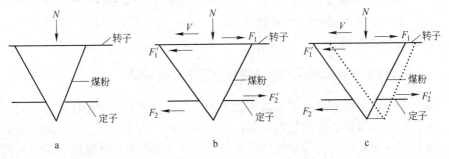

图 3-12　硬磨粒下转子与定子发生三体湿磨粒磨损示意图

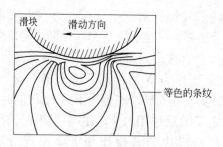

图 3 – 13 透明橡胶内的光测弹性应力分布

块在橡胶表面滑动时的光测弹性应力如图 3 – 13 所示。

从图 3 – 13 中可以看出，在一个载荷循环中，在第一个半循环内接触区前部为不平衡的三向压缩，而在第二个半循环内接触区尾部应力集中，由条纹线的密集程度表示，而且材料在这一点上承受拉力，对于抗拉强度比抗压强度极限低得多的材料，最危险的是第二个半循环。高弹性材料（包括丁腈橡胶）以及发生脆性破坏的材料属于这类情况。当水煤浆在定子表面产生的接触应力由压应力变为拉应力，丁腈橡胶表面的大分子链在拉力作用下产生断裂，出现裂纹，经过 N 次应力循环后，裂纹萌生，扩展，产生疲劳磨损[25]。

同样对于煤粉为磨粒时的转子与定子的湿磨粒磨损，煤粉在一定压力下压入橡胶，受转子和定子的扭矩作用，在定子表面滚动，产生拉压作用，与上述的磨粒侵蚀一样定子表面出现裂纹及裂纹扩展，产生疲劳磨损。

对于煤粉中硬矿物为磨粒下的转子与定子的湿磨粒磨损，硬矿物在一定压力下压入橡胶，在转子拉力作用下，对定子表面的分子链产生拉伸作用，直到在橡胶表面产生的弹性反力超过分子链强度，使分子链断裂，产生犁沟现象。该现象类似于点接触条件下的橡胶磨损。

综上所述，定子受水煤浆的磨粒侵蚀和转子的湿磨粒磨损的交替作用，使定子材料表面一方面反复受到煤粉的挤压作用，产生变形，出现裂纹，裂纹扩展，另一方面受到煤粉中硬矿物的切削作用。定子断面各部分的磨损机理应与其受力大小以及磨粒多少有关。

3.4.5.4 水煤浆中水的作用

（1）水膜的润滑作用。由于水的存在，使得定子与转子之间啮合处摩擦系数降低，起到润滑作用。

（2）降低工作温度，使定子的力学性能在磨损过程中变化不大。

（3）定子材料可能发生水解或氧化，可通过光电子能谱仪和傅里叶表面红外分析仪分析表面成分。

3.4.6 从流体动力学和结构力学角度分析定子橡胶磨损

螺杆泵系统是非常复杂的流固耦合问题，转子运转过程中不仅定转子间会产生相互作用，腔室的流体液压也对定转子产生作用。为了考察液压对定转子的影响，采用单向解耦的方法分析问题。先采用流体动力学方法计算螺杆泵腔内的压强分布和液压对转子的影响，再用有限元方法分析液压作用下定转子之间的过盈接触以及定转子的受力和变形情况。

在给定压差 1MPa 条件下观察转子面上的压强分布，发现在点啮合和线啮合处由于间隙很小，流体的黏性力很大，抵掉压差引起驱动力，从而导致以点啮合和线啮合为分界线的交叉压强分布。

压强的不均匀分布和螺杆泵转子的螺旋形状会使转子受到很复杂的力。通过 CFD 数值分析，可以得出各个分量的力和力矩的大小，其中力矩是基于螺杆泵底部转子截面圆心得出的，结果如表 3−2 所示。

表 3−2 转子受到的液压作用力和力矩

压差/MPa	F_x/N	F_y/N	F_z/N	T_x/N·m	T_y/N·m	T_z/N·m
1	7.06	5240.58	−1143.03	−3121.65	−246.95	75.79

两力系对刚体作用等效的充要条件为两力系的主矢相同和两力系对同一点的主矩相同。从流体动力学已经得出了主矢和相对螺杆泵底部转子截面圆心的主矩。转子视为刚体，刚体的运动只和相关点的六个自由度有关。相关点取在螺杆泵底部转子截面圆心，并把 CFD 分析得出的力和力矩施加到这个相关点上。在有限元数值分析中，把液压的作用等效地加在转子上，使转子跟定子产生接触作用，最终达到静力平衡。结果表明，液压在 y 方向上的力比 x 方向的力大很多，因此主要在 y 方向上转子挤压定子，定子以反作用力来平衡液压对转子的作用。转子底部的位移为（1.04，1.09，0）mm，转动为（0.0002，−0.0006，0.188）rad。在 y 方向转子的位移为 1.09mm，比初始的转子过盈量 0.3mm 大很多。这会引起螺杆泵底部的定转子间的间隙。液压作用引起的这种间隙是产生漏失的主要原因。液压不仅有力的作用，还有各个方向上的力矩作用，这种力矩称作倾倒力矩。倾倒力矩使转子有一些小转动，在螺杆泵定子顶部和底部出现比中部更大的变形，进一步增加螺杆泵系统的漏失，这也是现场中经常看到的两端磨损最厉害的原因。

上面讨论中，可以得出液压对螺杆泵的作用显著。下面讨论液压在不同定子导程下和不同泵压条件下的作用力和力矩，如表 3−3 和表 3−4 所示。

表 3−3 随螺杆泵长度变化的作用关系

压差 1MPa	F_x/N	F_y/N	F_z/N	T_x/N·m	T_y/N·m	T_z/N·m
一个转子导程	4.28	5190.07	−1157.59	−519.14	−251.87	75.86
二个转子导程	15.70	5217.60	−1150.38	−1051.33	−248.90	75.83
三个转子导程	7.06	5240.58	−1143.03	−3121.65	−246.90	75.79

表 3 - 4 随泵压变化的作用关系

三个定子导程	F_x/N	F_y/N	F_z/N	T_x/N·m	T_y/N·m	T_z/N·m
泵压 1MPa	7.06	5240.58	-1143.03	-3121.65	-246.90	75.79
泵压 2MPa	15.63	10481.53	-2285.95	-6271.06	-493.70	151.58
泵压 3MPa	22.87	15722.26	-3428.93	-9398.46	-741.08	227.38

从表 3 - 3 和表 3 - 4 中看出，液压力对转子的影响与泵压有关，而与螺杆泵长度无关。与长度有关的一项是倾倒力矩，它是因为高度增加引起的。液压作用在 y 方向的力很大，而 x 方向的力相比小很多，随着高度的增加，y 方向的力在 x 方向的力矩增大，并且成线性关系，而 x 方向的力在 y 方向的力矩变化很小。液压力对转子的影响与泵压成线性关系。

基于以上计算和分析，漏失的产生与工作泵压对螺杆泵系统的作用力直接相关，跟螺杆泵内部压强分布和单级压差无关。螺杆泵吸入口处压强很小，实际的工作单级压差很难使定子产生穿透。而离排出口越近，压强变得越大，已经压缩定子到一定程度，再加上工作压差容易产生穿透。实验发现当泵压达到一定值（临界泵压）时开始产生漏失，泵效降低。临界泵压产生的压差不能在螺杆泵吸入口处产生穿透，密封性很好，由质量守恒原理可知，不管螺杆泵上部产生或不产生穿透，都会使吸入的油全部排出，泵效是 100%，这证明单级压差不能解释漏失机理。本书从泵压对整个螺杆泵系统产生的影响解释漏失。理论分析和数值模拟分析说明泵压对转子的作用力和作用力矩与泵压成正比。当泵压超过临界值时对转子产生的力和力矩使转子与定子产生接触作用，定子产生变形引起的对转子反作用力来平衡液压对转子的作用，这会使转子在某一个方向上挤压定子。转子的位移大于过盈量时，另一个方向产生间隙，降低密封效果，发生漏失。液压不仅有力的作用，还存在倾倒力矩的作用，它使转子产生倾倒，在定子两端上出现比中间部分更大的应力，这与实际工程中两端相应位置磨损严重的事实是吻合的。

3.5 橡胶摩擦学

3.5.1 摩擦学简介

简单地讲，两个相互接触的物体，在外力的作用下发生相对运动，或者具有相对运动的趋势时，在接触表面之间将产生阻止其发生相对运动或相对运动趋势的作用，这种现象称为摩擦。

因此，从上面的解释可以知道，摩擦学研究的是做相对运动表面，其行为对机械系统作用的理论科学。它主要包括摩擦、磨损和润滑三个方面的内容。这三个方面的研究内容各有侧重。摩擦是两个物体相对运动时在其接触面上发生的切向阻抗现象；磨损是摩擦表面上物质不断损耗的过程；润滑则是减少摩擦、磨损的重要手段。这三者是相互联系的，它们很早就被人们认识和利用。

摩擦学具有两个基本属性：

第一个属性是它的多学科性，主要涉及到的学科及其相应的摩擦学问题如表3-5所示。

第二个属性是它的实践性，摩擦学理论需要大量实验研究，同时其理论又直接服务于实践。

表3-5 摩擦学涉及的学科及相应的摩擦学问题

学 科	研究的摩擦学问题
冶金学	金属材料及其热处理、表面硬度、亚表层金相组织
化 学	润滑油、添加剂和氧化物
流变学	黏 度
流体力学	油膜的形成、厚度及其承载能力
机械设计及制造工艺	表面的设计及加工处理
弹性力学	表面的弹性变形
显微学	磨损颗粒
计量学	表面几何相貌
物理化学	表面吸附层（表面化学或摩擦化学）
传热学	穿过固体表面传导的热
热力学	润滑剂中对流的热

3.5.2 研究橡胶磨损的重要意义[1]

作为高弹性材料，橡胶还具有金属和其他高分子材料所没有的一些良好性能，如耐磨、耐油等，因而它不仅在汽车工业，也在其他工业，尤其是石油工业中获得广泛应用。20世纪70年代以来，橡胶材料在各种车辆轮胎和摩擦元件（如密封件、活塞环、水润滑轴承以及油田设备中的各类橡胶件等）的应用上始终保持不断增长的势头。因而，即使它们的耐磨性和使用寿命提高不多，也会在节约能源、材料和润滑剂等多方面带来相当可观的经济效益和社会效益。所以，提高橡胶制品的使用寿命是一个十分重要的问题。当前，世界各国的工业和交通运输部门都越来越重视开展橡胶的磨损机理、抗磨技术及其应用的研究（包括制订测定橡胶耐磨性的合理的试验方法，合理设计橡胶的配方，预测橡胶在使用条件下的性能与使用寿命等）。

3.5.3　磨损的基本特征[1]

磨损具有如下两个基本特征。

3.5.3.1　不可避免

磨损是机器零件正常运转中不可完全避免的一种现象，只要机器零件的磨损量（或磨损率）在规定的使用期内不超过允许值，就可认为这是在运行中允许的正常磨损现象。

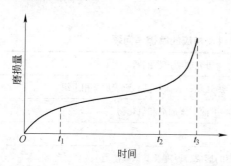

图 3 – 14　机器零件典型的磨损曲线

机器零件的典型磨损过程一般可划分为以下三个阶段（图 3 – 14）：

（1）磨合（跑合）阶段（图 3 – 14，O—t_1 段）。刚刚制造出来的摩擦副，在其摩擦表面上各微观突起部分的高度参差不齐，其顶峰也较尖锐，实际接触面积小。因此，必须在正式投入使用之前，逐渐加载磨合，以增大其接触面积，防止损坏配合表面。在此阶段，其磨损率在开始时增长较快，以后逐渐减缓，直到进入正常运行的稳定磨损阶段。

（2）正常磨损阶段（图 3 – 14，t_1—t_2 段）。在此阶段，磨损率基本上保持不变，磨损缓慢。

（3）事故磨损阶段（图 3 – 14，t_2—t_3 段）。零件经过长期运行后，配合间隙增大，精度和性能下降，润滑条件恶化，磨损率急剧增长，磨损加剧，整个机器的性能和效率明显下降，而且往往会产生异常的噪声和振动，摩擦副的温度上升，最后导致零件完全失效。

3.5.3.2　系统特性

磨损不仅是材料本身固有特性的表现，更是摩擦学系统特性的反映。

磨损之所以具有这一基本特性是由于它不仅取决于材料本身的固有特性（如强度、硬度等），而且还在很大程度上受到组成该摩擦学系统的许多元件、工作参数和环境以及它们之间相互作用的各种关系与过程的影响，是一种十分复杂的现象。一般可用式（3 – 5）来表示这种特性：

$$W = f(x, s) \tag{3 – 5}$$

式中　x——工作参数，包括载荷，相对运动的速度和形式以及时间等；

s——摩擦学系统的结构：

$$s = \{A, P, R\} \tag{3 – 6}$$

其中　A——组成摩擦学系统的各元素（包括环境）；

P——组成摩擦学系统的各元素的性质；

R——组成摩擦学系统的各元素之间的相互关系。

同一种元件在不同的摩擦学系统中会表现出不同程度甚至不同形式的磨损，即使在同一摩擦学系统，不同的工况也会导致不同程度或不同形式的磨损。因此，在处理磨损问题时，必须全面考虑该元件所在的摩擦学系统的结构，才能对其磨损现象做出准确的判断和正确的分析。有时，可以不改变工况，而仅仅改变该摩擦学系统的结构（如改善润滑条件或环境），就可以使摩擦副的一方或双方的磨损状况得到改善。

3.5.4　摩擦学系统简介[26]

3.5.4.1　摩擦学系统模型

摩擦学系统可以理解为：由力学、物理、化学、热学等多个元素耦合作用而达到接触界面干涉状态平衡的一种能量耗散结构体系。根据系统理论，摩擦学系统属于"开式、离散、动态系统"，即在摩擦过程中会发生能量和材料损失，并且摩擦学系统的结构和功能将随之发生变化。

一个摩擦系统主要包括以下几方面参数：

（1）工作（运行）参数。包括摩擦副相对运动的类型，相互作用力的大小、方向、施加方式和传递，相对运动的速度等。

（2）相互作用的元素。包括摩擦副元件的种类、大小、形状、材料。材料特性又包括摩擦副各元件的材料特性的差异，元件的表面特性和其总体特性，在摩擦磨损过程中材料特性的变化（由于力的作用、热的作用、介质化学作用导致的变形、扩散、相变、氧化腐蚀等）。

（3）环境因素，包括周围环境介质、气氛、温度和湿度等，以及接触面间介质（有无润滑介质）。

3.5.4.2　摩擦学系统的复杂性特征

（1）动力性特征。一个系统的输出或状态随时间变化的性质称为系统的动力性（或时变性）。摩擦学系统的复杂特性首先反映在摩擦学行为具有动力性。我们知道，摩擦副的静摩擦系数是表面接触时间的函数，同时摩擦副的磨损率也随时间变化。

（2）非线性特征。用非线性数学模型描述的系统或不能用现行模型描述的系统（不论能否给出数学模型）称为非线性系统。摩擦学系统是典型的非线性系统，它几乎具有非线性系统的所有特性，如变比性、饱和性、非单调性、振荡性和滞后性等。近代摩擦学理论研究表明，摩擦系数、摩擦温度和磨损量与接触载荷、滑动速度、接触面积及环境温度等之间的关系为强弱程度不同的非线性关系。

摩擦学系统是一个非线性系统，大家熟知的经典摩擦学理论只是关于少数材料和小尺度上的摩擦磨损规律，是对摩擦学系统非线性行为进行简化后的线性化描述。摩擦学系统非线性的根本原因在于复杂多样的摩擦学行为之间不是单方面的影响，而是相互影响、相互制约和相互依存的。这种相互作用在动力学系统中的表现就是系统状态变量之间的相互耦合，表现为系统输出与输入之间不满足叠加原理。

（3）随机性特征。摩擦学中的许多现象都具有随机性，如摩擦表面形貌的高度、磨粒的形状及分布、摩擦力和摩擦震动的时域信号等均表现为稳定或非稳定的随机函数。正是因为摩擦学行为的随机性，概率理论和数理统计已成为摩擦学问题研究的重要手段之一。在摩擦表面形貌的研究中，概率密度、特征函数常用来描述轮廓高度的随机分布和统计特性；数学期望、均方值、均方差、自相关函数等随机过程参数常作为表征表面形貌随机行为的主要特征参数。在磨粒铁谱分析中，概率分布和统计是铁谱分析的重要方法。

摩擦学行为的随机性和统计学特性充分表明，摩擦学系统是一个具有统计确定性的随机系统。发生在摩擦学环境下的一切摩擦、磨损行为均属于摩擦学随机系统的行为。摩擦学系统的随机行为，是由于摩擦学系统随机的初始条件（如表面形貌）、随机的系统参数（如结合面的刚度和阻尼）或随机的外界作用（如环境扰动）等影响的结果。

（4）混沌性特征。摩擦学系统的混沌性表现在其行为具有混沌行为的基本特征。对于混沌行为的判据可以采用不同的方法或指标，如庞加莱映射、李雅普诺夫指数、分形维数、功率谱、赫斯特指数以及柯尔莫哥洛夫熵等。

3.5.5　橡胶摩擦的特点[27]

橡胶是一种弹性模量很低、黏弹性很高的材料，因此橡胶的摩擦具有不同于金属和一般聚合物的特征。橡胶与刚性表面在滑动接触界面上的相互作用力包括黏着和滞后两项，而其摩擦力也正是由这两部分组成的[25]：

$$F = F_a + F_h \tag{3-7}$$

式中，F_a 为黏着摩擦力；F_h 为滞后摩擦力。

黏着摩擦起因于橡胶与对偶面之间黏着的不断形成和破坏，滞后摩擦则是由表面微凸体使滑动橡胶块产生周期性变形过程中能量的耗散引起的。

当橡胶在坚硬光滑的表面上滑动时，摩擦力主要表现为黏着摩擦，根据弹性体摩擦的黏着理论，可以得出黏着摩擦力 F_a 为：

$$F_a = K_1 S (E'/p^\gamma) \tan\delta \quad (\gamma < 1) \tag{3-8}$$

式中，K_1 为常数；S 为滑动界面的有效剪切强度；p 为正压力；E' 为储能模量；$\tan\delta$ 为损耗角正切（黏弹性参数）。显然，橡胶的黏着摩擦与材料的损耗角正切

tanδ 成正比。

　　润滑剂的存在可以阻止橡胶与对偶间的直接接触，使黏着摩擦成分大大降低，滞后摩擦起主要作用。根据弹性体滞后摩擦的松弛理论，可得出滞后摩擦力为：

$$F_h = K_2 (p/E')^n \tan\delta \quad (n \geqslant 1) \tag{3-9}$$

式中，K_2 为与几何形状因子有关的常数。滞后摩擦力也与 tanδ 成正比，所不同的是，滞后摩擦力与变形程度因子 $(p/E')^n$ 成正比。由此，橡胶的摩擦力可表示为：

$$F = \left[K_1 S(E'/p^\gamma) + K_2 (p/E')^n \right] \tan\delta \tag{3-10}$$

3.5.6　橡胶磨损的特点

　　金属和塑料磨损表面的特征是磨痕与摩擦方向平行，而橡胶磨损表面的磨痕却垂直于摩擦方向，并且，磨痕在橡胶表面形成山脊状突起，突起之间间距相等，高度相同，形成所谓的磨损斑纹。磨损斑纹的形成和相关磨损过程的研究，最初是通过针模型和刀片模型来实现的。在通过针或刀片施加的法向力和切向力的重复作用下，橡胶磨损表现为表面周期性撕裂导致舌状物生成和拉伸应力导致舌状物根部断裂两个过程，从而使橡胶表面逐渐磨损并形成顶部尖锐的山脊状磨损斑纹。

　　早期的研究人员认为磨损斑纹的形成只是起因于一种简单机械作用的裂纹生长过程。但是，Fukahori 和 Yamazaki 的研究表明[28,29]，黏滑振动和微振是产生周期性磨损斑纹的驱动力。微振使微观斑纹萌生，而黏滑振动使斑纹间距扩展，初始阶段的斑纹间距等于平均滑动速度与橡胶固有频率之比，而最终斑纹间距等于平均滑动速度与黏滑运动频率之比。并且黏滑振动和微振所形成磨屑的尺寸不同：微振产生 10m 量级的磨屑，而黏滑振动产生几百米的磨屑。当侵蚀磨损发生时，对于非填充的弹性体，30°冲击角的抗侵蚀性能最大，是法向冲击下的 10 倍，此时可在高回弹性橡胶表面观察到垂直于冲蚀方向的山脊状突纹。不同橡胶的侵蚀率差别很大，这种差别与橡胶的回弹性密切相关，回弹性越高，抗磨粒侵蚀性越好。Amold 等[30]认为，低冲击角下的侵蚀磨损机理与磨粒磨损非常相似，在侵蚀的初始阶段，也会在磨损表面形成一系列与冲击方向垂直的磨损斑纹。高冲击角下粒子冲击所引起的表面张应力导致摩擦力增大，促使表面裂纹不断扩展、相交，加速材料的移去。

3.5.6.1　橡胶对金属的各种磨损形式

King 等采用销–盘摩擦磨损试验机研究了橡胶对金属湿磨粒磨损性能的影响。发现金属的磨损率与磨粒的状态、橡胶的邵氏硬度、弹性模量和回弹性有关。当摩擦副界面无磨粒时，金属的磨损率仅在 $10^{-7} \mathrm{mm}^3/(\mathrm{N \cdot m})$ 数量级内；

当加入磨粒后，则随橡胶的邵氏硬度呈指数规律增加，并随橡胶弹性模量的增大而增加（当弹性模量增大到20MPa后，金属的磨损率趋于稳定）；但金属的磨损率随橡胶回弹性的增大而降低。他们认为橡胶的硬度和弹性模量是决定金属磨损率的重要因素，并提出了在湿磨粒磨损条件下，橡胶磨损金属的3个决定性因素为嵌入橡胶体的磨粒总量、磨粒嵌入橡胶体的深度和嵌入的磨粒与橡胶体的黏附力[31]。

Gent等[32]采用文献［33］的试验装置，对金属刀片与橡胶轮摩擦副进行试验研究，发现顺式聚异戊二烯橡胶（BR）导致的刀片磨损量大于顺式聚丁二烯橡胶（IR）对刀片的磨损量，且在惰性气体中比在空气中更大。

Malek等用多种合金钢制成的圆柱体压头反复压入橡胶体中，发现金属的硬度、橡胶的含碳量、交联度、金属表面的氧化层稳定性、金属与橡胶体接触的时间及橡胶的自润滑性等因素影响橡胶对金属的磨损[34]。Charrier等用针尖反复插入橡胶体中，也发现针尖被橡胶体磨损的现象[35]。

近年来，刘海春等研究了NBR、天然橡胶（NR）和丁苯橡胶（SBR）在干摩擦、清水和NaOH水溶液介质下对45号钢的磨损[36,37]，发现在干摩擦下金属的磨损率顺序为SBR > NBR > NR；而在液体介质中为NBR > SBR > NR。金属被橡胶磨损的磨损率主要受橡胶的物理性能和化学结构及介质的影响。物理性能因素可归结为橡胶的邵氏硬度（它与嵌入橡胶表面的磨粒的结合强度有关），如SBR和NBR的硬度大于NR，其对金属的磨损亦大于NR；介质的影响主要表现在对金属的腐蚀、对橡胶表面力学性能的影响及反应环境的形成等方面。他们还研究了T10工具钢在干摩擦、矿物油和矿物油 + ZDDP润滑下被NBR、SBR和氟橡胶磨损的机理[38~40]，发现在干摩擦下金属的磨损率顺序为SBR > NBR > 氟橡胶；在润滑介质下为NBR > SBR > 氟橡胶。影响磨损的因素与文献［36，37］基本相同，不同之处在于作为润滑剂的矿物油的分子链长对磨损亦产生影响。

3.5.6.2　橡胶磨损金属的物理效应

King等认为，金属被橡胶磨损（湿磨粒磨损）的机制是嵌入橡胶体的硬颗粒对金属表面的微切削作用[31]，而Malek等提出了转移膜机理，认为金属压头在反复压入橡胶体的过程中，金属表面形成了橡胶润滑层（它比外加润滑剂的抗磨效果更明显）；橡胶润滑层的形成与范德华力有关，此时，金属的磨损为疲劳破坏；当有炭黑时，金属磨损量增大的原因在于炭黑阻碍了该橡胶层的形成[34,35]，Charrier则认为金属针尖表面的橡胶转移层使针的磨损减少。

刘海春等认为在无机介质和矿物油介质润滑下，45号钢和T10工具钢被橡胶磨损的物理机制为滞留在摩擦区域的铁屑和橡胶添加剂颗粒对钢表面及其界面膜的微切削作用，以及所导致的塑性变形，并将其磨损过程总结为金属表面在橡胶表面活性物质作用下形成反应膜和金属表面的反应膜在硬颗粒的微切削作用下被破坏所导致的金属磨损。另外他们还指出，在考察橡胶对金属磨损量的大小时，不能只重视碳自由基与金属反应的化学效应，还应考虑到上述表面机械力的作用[36~40]。

3.5.6.3　橡胶磨损金属的化学机制

Gent 等[32]认为橡胶磨损金属的化学机制为：BR 的自由基主要参与橡胶内部分子链的反应，IR 的自由基则易于与金属反应生成金属 - 碳化合物；过氧化自由基与金属的反应能力均低于碳自由基；碳自由基能与橡胶大分子链和大自由基反应发生支化和交联，也能与金属发生反应。

为验证上述理论并得出其规律性，Gent 等将不锈钢、非合金钢和青铜 3 种材料制成的刀片与 SBR、NR、BR、丁基橡胶（IIR）、聚戊烯橡胶（TPR）及乙丙橡胶（EPR）6 种材料制成的橡胶轮进行对摩[41]。他们发现，除了 IIR 在氮气中对金属的磨损率比在空气中下降了 3 倍外，其余各类橡胶均使金属的磨损率提高 5~10 倍，这是由于 IIR 的碳自由基活性不如过氧化自由基高所致，橡胶表层链断裂产生的自由基的稳定性是决定其对金属磨损程度大小的重要因素，金属被磨损的原因在于生成了金属 - 碳化物。作者还用上述理论解释了炭黑增加，金属磨损量增大的化学机制。

为了获得大分子自由基与金属反应的直接证据，Gent 等[42]将 Fe、Zn 及 Al 等 3 种金属粉末混合到 SBR、NR、BR 及 EPR 等 4 种橡胶中，使之分别在氮气和空气中经受强烈的剪切力作用，结果表明自由基与铁发生反应，生成了铁 - 聚合物。3 种金属与自由基的反应活性顺序为 Fe > Zn > Al。橡胶的自由基的寿命 SBR 和 NR 的最长，其与金属反应的能力也强；而 BR 与 EPR 的自由基的寿命较短，其与金属反应的能力也较弱，这与 Gent[32,41]的研究结果一致。金属与橡胶的反应为一个金属原子对应一个聚合物分子链，而且简单的有机自由基也能发生类似的反应。由 Ti、Ti 合金工具钢、亮银和碳化钨制成的压头被具有不同硫化度的橡胶体磨损时，其化学机制为[34]：橡胶分子链断裂的碎段通过范德华力吸附于金属表面，形成具有润滑性能的吸附层，而吸附层中的一些橡胶碎片形成的聚合物降解自由基可与金属表面氧化层发生反应，生成金属氧化物 - 聚合物复合体，其强度低于金属氧化层，从而使金属表面润滑层的性能变差，而自由基的稳定性是决定这种反应的关键因素，软而未填充的橡胶分子链断裂降解所形成的橡胶大分子自由基易与金属氧化层发生反应；高硫化的橡胶碎片在金属表面形成的高润滑性能的橡胶层与金属氧化物的反应能力较弱；而低硫化橡胶则正好相反，硬质金属被橡胶磨损的量小而软质金属被橡胶磨损的量大，原因在于前者具有较高的屈服强度，氧化层稳定而不易与分子链自由基发生反应，从而可在金属氧化层表面形成厚且连续的橡胶润滑层。NR、NBR 和 SBR 磨损 45 号钢的化学机制为：橡胶分子链断裂产生的大自由基与金属反应生成了 Fe - 高分子化合物以及带有羧基的大分子链与 Fe 的反应，结果形成化学反应膜。金属被磨损的化学和物理过程可概括为化学－力学自催化破坏机理。在橡胶物理性能中，邵氏硬度对上述反应的影响较大，硬度大，大分子链自由基易于形成；而化学结构则决定了大分子链自由基的活性（稳定性）大小。与此同时，自由基的稳定性与橡胶对金属的磨损之间存在一一对应关系，比如，自由基的稳定次序与磨损量大小顺序均为 SBR > NBR > R。这也证实了 Gent 等[32,41,42]提出的金属与橡胶大分子链自由基反应过程中的自由基越稳定，橡胶对金属的磨损就越大的论点。至于在液体介质条件下，NBR 对金属的磨损量最大，则主要是由于分子链结构对高分子与金属反应的影响，而不是由于自由基稳定性的影响，因为分子链中的—CN 基团在液体介质下极活泼。液体介质本身的影响主要在于其对分子链的断裂以及自由基与金属的反应供氧等方面产生影响[36,37]。

在对 T10 工具钢被 NBR、SBR 及氟橡胶磨损的研究中，柳琼俊等[38~40]首次提出了在金属表面存在接枝反应膜的理论，即橡胶分子链断裂产生的大分子自由基与金属反应，其反应产物在金属表面形成聚合物接枝化薄膜，从而改善了金属表面的性质。同时由 XPS 分析还发现与金属反应能力强的自由基，相应的金属磨损量大。比如，在干摩擦时，碳自由基的数量和自由基的稳定性顺序及金属的磨损量均为 SBR > NBR > 氟橡胶。这也与文献［32，36，37，41，42］等报道的结论一致。矿物油及含有 ZDDP 添加剂的矿物油介质的溶胀作用使橡胶分子链的某些性质发生了变化，并对橡胶与金属的反应起催化作用。对磨损试验后 2 种介质的 FT－IR 分析结果表明，润滑剂有机分子链断裂所产生的自由基可与金属反应生成 Fe－聚合物并接枝于金属表面；在易于被氧化的矿物油分子链中，含有—COOH 基团，因而其本身能直接与金属反应。矿物油中添加 ZDDP 后，抑制了矿物油分子的氧化，因而相应橡胶对金属的磨损量减少。

3.5.7 影响橡胶摩擦磨损性能的因素

3.5.7.1 橡胶的物理力学性能

由于高弹性、低模量的特点，橡胶的摩擦磨损性能受自身物理力学性能的影响较大。橡胶的硬度较小，与刚性物体接触时，真实接触面积较大，而真实接触面积的大小是决定摩擦的重要因素，因此，橡胶的硬度对其摩擦性能的影响较大。

橡胶的黏弹性参数 tanδ 对摩擦力有直接的影响，而橡胶交联度的降低，使 tanδ 增大，因此摩擦力增大，摩擦系数和磨损也随之增大。从物理化学的角度来看，交联越弱，磨损率越高，是由于较低程度的交联易被机械应力破坏的缘故。研究发现[43]，电子束辐照导致乙丙三元橡胶的交联度增加，使摩擦降低。橡胶表面自由能的高低决定了橡胶与对偶间相互作用力的大小，进而对橡胶的黏着摩擦产生影响。一般而言，摩擦系数随表面自由能的增加而增大。

3.5.7.2 橡胶的改性

对橡胶进行填充改性时，在改变橡胶物理力学性能的同时，也改变了橡胶的摩擦学性能。研究单轴定向聚酰胺纤维增强的氯丁橡胶（SFRR）和芳纶短纤维增强的天然橡胶时，发现材料的摩擦学行为与滑动方向密切相关，沿垂直于纤维取向方向摩擦时，磨损率最低，沿纤维取向方向摩擦时，磨损最大。在抗油性的丁腈橡胶、氯磺化聚乙烯橡胶、氟橡胶中，加入润滑剂（如有机硅油、MoS 等）后，发现 MoS_2 可在橡胶表面形成一润滑层，能降低表面能和滞后效应，进而使摩擦系数显著降低。利用自身离子辅助离子镀，在橡胶表面沉积一层铜、钛、钨、锆等金属，能有效降低橡胶与对偶间的真实接触面积，显著降低摩擦力。氯化也可降低橡胶的摩擦系数及其对滑动速度和温度的依赖性。

3.5.7.3 环境温度

橡胶的摩擦与黏弹性参数 $tan\delta$ 和弹性模量有直接关系如式（3-9）所示，弹性模量随温度的升高而降低，$tan\delta$ 则随温度的升高先上升后下降（极值点温度低于0℃），因此，摩擦系数随温度的升高先上升后下降，极值点与 $tan\delta$ 的极值点和弹性模量随温度升高而降低的速率有关。

随温度的升高，橡胶的弹性模量下降，磨损斑纹间距增大，由于橡胶老化严重，撕裂强度降低，使得磨损率显著增加，并且磨损率呈周期性大范围变化。

3.5.7.4 润滑介质

润滑剂的存在可阻止橡胶与对偶面的直接接触，黏着摩擦明显降低，橡胶磨粒磨损的斑纹间距减小，磨损率也显著降低。但在选用润滑剂时，必须考虑它对橡胶的溶胀作用，以及高温油润滑所导致的橡胶的化学降解或热降解，否则可能会加剧磨损。

在水（或水溶液）润滑条件下，随对偶的不同，水对橡胶和对偶的摩擦磨损性能的影响也不同。当对偶为惰性物质（如玻璃）时，水层可以起到非常好的润滑作用，摩擦系数随润滑膜膜厚的增加而降低。当对偶较活泼时（如钢），橡胶几乎无磨损，而对偶的磨损则比干摩擦时大得多。

3.5.7.5 溶胀作用

橡胶对有机溶剂及润滑剂的溶胀作用比较敏感。一般情况下，溶胀会破坏橡胶的交联体系，引起橡胶的硬度、撕裂强度等力学性能降低，导致磨损的增大。Thavamani 等用扫描电子显微镜（SEM）研究了硫化天然橡胶、丁苯橡胶、氢化丁腈橡胶在不同条件下的磨损机理，发现当法向载荷较小时，无典型的磨损斑纹出现，但橡胶在甲苯或二甲基甲酰胺中溶胀后，在其磨损表面可以观察到明显的磨损斑纹[44,45]。

这是因为橡胶溶胀后，其抗撕裂性能大大下降，弹性模量明显降低，因而与溶胀前相比，磨损斑纹间距变大。对于一些有活泼官能团的橡胶（如 NBR、HNBR），可利用其化学活性较高的特点，使之与某种溶剂反应，在橡胶表面形成一层化学反应膜来改善橡胶的摩擦学性能。Bielinski 利用碘溶液的溶胀作用对丁腈橡胶进行了改性，改性后的 NBR 和 HNBR 的摩擦系数明显降低[46]。XPS 分析表明碘与橡胶表面的氰基结合形成一层薄而硬的改性层，此改性层具有降低摩擦的作用。然而，过度溶胀会使橡胶形成较厚改性层，因其与弹性本体的结合性较差，反而会导致摩擦增大，加剧磨损。

3.5.7.6 其他因素

速度、载荷等因素都会对橡胶的摩擦磨损产生影响。一般而言，橡胶的摩擦系数随载荷和滑动速度的增加而减小，过大的载荷和滑动速度都会引起试样生热和表面的破坏。

3.6 采油螺杆泵摩擦学系统分析

采油螺杆泵从属于一个机器系统，其功能是输送石油介质。根据系统的观点，它可认为是由金属转子、橡胶定子、石油介质、螺杆泵机械结构等四个主要元素组成的一个系统，且其内部由若干个相互作用的接触副组成。同时系统内各元素之间的相互作用都与摩擦、磨损和润滑有关，因此属于摩擦学系统研究的范畴。

图 3 – 15 列出了采油螺杆泵摩擦学系统结构框架图，该摩擦学系统的输入为金属转子、橡胶定子、石油、机械结构，它经过摩擦学系统转变为输出，有用输出主要是排量，同时还有橡胶的摩擦损耗。

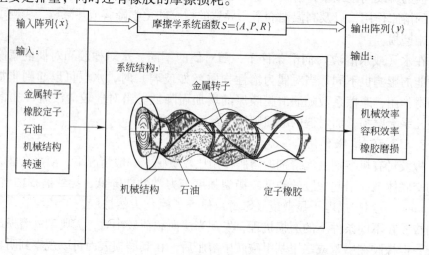

图 3 – 15   采油螺杆泵摩擦学系统结构框架图

根据摩擦学系统理论，可以用结构函数 S 定义执行部件的摩擦系统为：

$$S = \{A、P、R\}$$
$$A = \{a_1、a_2、a_3、a_4\}$$
$$P = \{p_{a1}、p_{a2}、p_{a3}、p_{a4}\}$$
$$R = \{r_{a1a2}、r_{a1a3}、r_{a1a4}、r_{a2a3}、r_{a2a4}、r_{a3a4}\}$$

式中，A 为系统的元素集；a_i 为执行部件摩擦学系统的结构元素，分别是金属转子 a_1，橡胶定子 a_2，石油介质 a_3，机械结构 a_4；P 为系统的元素特性阵，每一个结构元素又具有不同的特性，p_{a_i} 为相应元素的特性，具体见表 3 – 6；R 为元素间关系阵，元素与元素之间还有相互的影响关系，$r_{a_i a_j}$ 为两个结构元素之间的耦合关系，见图 3 – 16。

表 3 – 6　元素特性

结构元素（a_i）	元素特征（p_{a_i}）
金属转子（a_1）	材料、表面粗糙度、直径、硬度、形状、组织结构
橡胶定子（a_2）	成分、硬度、弹性模量、拉伸强度、密度、热传导、密度
原油（a_3）	成分、pH 值、水含量、砂含量、温度、气体含量、蜡含量、泵压差
机械结构（a_4）	过盈量、转子的导程（螺距）、偏心距、转子截圆直径、泵级数

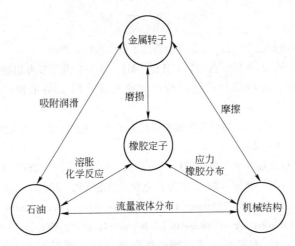

图 3 – 16　摩擦学系统元素间的相互作用关系

元素 a_1 和 a_2 之间的摩擦磨损是该摩擦学系统最重要的摩擦学过程，会产生诸如橡胶的表面疲劳磨损、磨粒磨损及腐蚀溶胀磨损等现象。当橡胶磨损相当严重时会导致螺杆泵排量急剧下降，甚至造成采油螺杆泵报废。元素 a_3 是石油介质，一方面是螺杆泵采油系统的有效输出，也是金属转子与橡胶定子之间的润滑介质，可以有效地提高螺杆泵运行的机械效率。但另一方面石油中含有大量的腐蚀性介质、气体、砂粒、石蜡等，使金属转子发生腐蚀、划伤，而橡胶发生溶胀、化学腐蚀，进而加速了橡胶与金属的磨损失效。螺杆泵的机械结构 a_4 也对采油螺杆泵摩擦学系统起着重要的作用，机械结构的改变将改变金属转子的运动方式、运动速度和转子与定子之间的过盈量，同时也改变了石油介质的流向和流量，必然影响橡胶的磨损。

应该进一步说明的是，根据谢友柏院士提出的摩擦学三个公理[47,48]，螺杆泵摩擦学系统还具有以下特征：螺杆泵摩擦学系统是上述四个元素共同作用的结果，橡胶的磨损失效不是单一结构元素产生的；在螺杆泵运行过程中，上述四个结构元素均随时间发生不可逆的变化，且相互影响；螺杆泵摩擦学系统不仅与摩擦学有关，还涉及材料、化学、物理、机械等学科的知识[49]。

由于输入量（石油介质、橡胶材料、金属转子和机械结构）与输出量（排量和橡胶磨损）之间的结构函数 S 属于非线性映射关系，无法用传统的数学方法进行求解。目前，随着人们对分形、混沌、小波、灰色理论、人工神经网络等非线性理论研究的不断深入，已成为解决此类摩擦学问题的新途径。这些非线性理论已在自然科学和社会科学等科学领域得到了广泛应用，并取得了丰硕的成果，完全能够解决螺杆泵定子橡胶的磨损问题。

参 考 文 献

[1] 张嗣伟. 橡胶磨损原理 [M]. 北京：石油工业出版社，1998.

[2] 廖克俭，戴跃玲，丛玉凤. 石油化工分析 [M]. 北京：化学工业出版社，2005.

[3] 汪申，田松柏. 含硫原油腐蚀评价研究的进展 [J]. 炼油设计，2007, 30 (7)：23~25.

[4] 张雷，赵杉林，田松柏. 高温环烷酸腐蚀行为及腐蚀测试方法的研究进展 [J]. 山东化工，2006, 35：13~16.

[5] 张昀. 高酸高硫原油腐蚀性研究 [J]. 石油化工腐蚀与防护，2004, 21 (6)：9~13.

[6] 聂恒凯. 橡胶材料与配方 [M]. 北京：化学工业出版社，2004.

[7] Kawakamt S, Misawa M, Hirakawa H. The relation between temperature dependence of viscoelasticity and friction due to hysteresis. Rubber world, 1988, 198 (5)：30~38.

[8] 郁文正，梁德山. 螺杆泵定子橡胶的新发展 [J]. 国外石油机械，1997, 8 (4)：42~46.

[9] 王塽. HNBR 主要品牌和性能特点 [J]. 橡胶资源利用，2006, 3：27~30.

[10] 朱国新，谢西奎. 螺杆钻具定子橡胶类型与钻具性能分析 [J]. 石油矿场机械，1998, 27 (5)：22~25.

[11] 杨兆春，周海，姚斌，等. 单螺杆泵定子磨损分析 [J]. 流体机械，1997, 27 (7)：20~23.

［12］梁肇基，崔平正．单螺杆泵定子磨损的分析及改善措施［J］．流体工程，1991，7：27～40.

［13］王力兴，王卓飞，高毅．稠油计量站单螺杆泵定子磨损规律与基本参数匹配［J］．油气田地面工程，2001，20（5）：69～70.

［14］杨秀萍，郭津津．单螺杆泵定子橡胶的接触磨损分析［J］．润滑与密封，2007，32（4）：33～35

［15］杨兆春，周海，姚斌，等．输送水煤浆的单螺杆泵定子磨损机理分析［J］．润滑与密封．1999，4：37～39.

［16］金红杰，吴恒安，曹刚，等．螺杆泵系统漏失和磨损机理研究［J］．工程力学，2010，27（4）：179～184.

［17］万邦烈．单螺杆式水力机械［M］．山东：石油大学出版社，1993.

［18］葛占玉，等．单头单螺杆式水力机械螺杆－衬套副的啮合理论及其作用力［J］．石油大学学报（自然科学版）．1990（5）：33～39.

［19］Treloar L R G．橡胶弹性物理学（中译本）［M］．北京：轻工业出版社，1957.

［20］梁肇基，阿达依．平面泵的螺旋演化与新型螺旋泵［J］．流体工程，1987，8：29～33.

［21］张劲，张士诚．常规螺杆泵定子有限元求解策略［J］．机械工程学报，2004，40（5）：189～193.

［22］王国强．实用工程数值模拟技术及其在 ANSYS 上的实现［M］．西安：西北工业大学出版社，2000.

［23］郭乙木，陶伟明，庄茁．线性与非线性有限元及其应用［M］．北京：机械工业出版社，2003.

［24］林福严．磨损理论与抗磨技术［M］．北京：科学出版社，1993，9，15.

［25］DF 摩尔．摩擦学原理和应用（中译本）［M］．北京：机械工业出版社，1982.

［26］葛世荣，朱华．摩擦学的分形［M］．北京：机械工业出版社，2005.

［27］吕仁国，李同生，刘旭军．橡胶摩擦磨损特性的研究进展［J］．高分子材料科学与工程，2002，18（5）：12～15.

［28］Fukahori Y, Yamazaki H. Mechanism of Rubber Abrasion. Part 1：Abrasion pattern formation in natural rubber vulcanite［J］．Wear, 1994, 171：195～202.

［29］Fukahori Y, Yamazaki H. Mechanism of Rubber Abrasion, Part 2. General Rule in Abrasion Pattern Formation in Rubber－Like Materials［J］．Wear, 1994, 178：109～116.

［30］Amold J C, Huchings I M. The mechanism of erosion of unfilled elastomers by solid particle impact［J］．Wear, 1990, 138：33～46.

［31］King R B, Lancaster J K. Wear of metals by elasters in an abrasive environment［J］．Wear, 1980, 61：341～352.

［32］Gent A N, Pulford C T R. Wear of steel by rubber［J］．Wear, 1978, 49：135～139.

［33］Alan T G. Factors influencing the strength of rubbers［J］．J Polymer Sci. Symposium, 1974, 48：145～157.

[34] Malek K A B, Stevenson A. On the lubrication and wear of metal by rubber [J] . J of Mater. Sci. , 1984, 19: 585~594.

[35] Charrier J M, Maki S G, Chalsfoux J P, et al. Penetration of elastomeric block by needles [J] . J of Elastomers and Plastics, 1986, 18: 200~210.

[36] 刘海春, 张嗣伟. 清水介质条件下天然橡胶磨损 45 号钢的机理研究 [J] . 摩擦学学报, 1996, 16 (4): 303~311.

[37] 刘海春, 张嗣伟. 几种橡胶磨损 45 号钢的影响因素分析 [J] . 摩擦学学报, 1997, 17 (4): 321~326.

[38] 柳琼俊, 张嗣伟. 干摩擦条件下丁腈橡胶磨损金属的机理 [J] . 机械科学技术 (摩擦学专辑), 1997, 16: 264~266.

[39] Zhang S W, Liu Q J. Mechanism's of wear of metal by nitrile rubber under boundary lubrication condition. In NORDTRIB'98: Proc 8th Inter Conf on Tribology, Svend S et al (eds) [J] . DTI Tribo logy Center, Aarhus, Denmark, 1998, 1: 351~357.

[40] 柳琼俊, 张嗣伟. 边界润滑条件下丁腈橡胶－金属磨损机理的研究 [J] . 摩擦学学报, 1998, 18 (3): 204~208.

[41] Gent A N, Pulford C T R. Wear of metal by rubber [J] . J M ater Sci, 1979, 14: 1301~1307.

[42] Gent A N, Rodgers W R. Mechanochemical reactions of elastomers with metals [J] . J of Polym Sci, 1985, 23: 829~841.

[43] Majumder P S, Bhowmick A K. Friction behaviour of electron beam modified ethylene propylene diene monomer rubber surface [J] . Wear, 1998, 221: 15~23.

[44] Thavamani P, Bhowmick A K. Wear of Tank Track Pad Rubber Vulcanizates by Various Rocks [J] . Rubber Chem. Technoi. , 1992, 65: 31~45.

[45] Thavamani P, Khastgir D, Bhowmick A K. Microscopic studies on the mechanisms of wear of NR, SBR and HNBR vulcanizates under different conditions [J] . J. Mater. Sci. , 1993, 28: 6318~6322.

[46] Bielinski D M, Slusarski L, Affrossman S, et al. Influence of iodination on tribological properties of acrylonitrile—butadiene rubber [J] . J. Appl. Polym. Sci. , 1997, 64 (10): 1927~1936.

[47] 谢友柏. 摩擦学的三个公理 [J] . 摩擦学学报, 2001, 21 (3): 161~165.

[48] 谢友柏. 摩擦学系统的系统理论研究和建模 [J] . 摩擦学学报, 2010, 30 (1): 1~8.

[49] 王伟, 刘小君, 刘焜, 等. 利用摩擦学系统理论对磨粒流加工过程的分析 [J] . 现代制造工程, 2011, 12: 6~9.

4 采油螺杆泵转速影响因素

螺杆泵转速的选择是一个非常复杂的问题，不仅要考虑到油井工况、泵的效率、衬套的磨蚀和泵的结构参数等因素，而且还要考虑到泵的不同使用时期的问题。本章将对螺杆泵转速的各种主要影响因素分别进行定性或定量的论述，为转速优化模型的建立提供理论依据。

4.1 油井供液能力

油井供液能力是决定螺杆泵转子转速大小的首选因素，无论用户要求的日产量如何以及理论上优化的最佳转速如何，都必须首先服从泵的排液量小于或等于油井的产液量这一前提条件，否则油井抽空将导致"烧泵"的后果。

描述油井的供液能力通常引入采油指数这个概念。采液指数是指单位生产压差下油井的日产液量[1]。采液指数计算公式为：

$$J = \frac{Q}{\mathrm{d}p} = \frac{Q}{p_\mathrm{j} - p_\mathrm{d}} \qquad (4-1)$$

式中　J——采油指数，$t/(d \cdot MPa)$；

　　Q——日产液量，t/d；

　　$\mathrm{d}p$——生产压差，MPa；

　　p_j——静压（地层压），MPa；

　　p_d——流动压力，MPa。

人们通常用液面深度来表示采液指数，即

$$J' = \frac{Q}{\mathrm{d}H} = \frac{Q}{L_\mathrm{d} - L_\mathrm{j}} \qquad (4-2)$$

式中　J'——采油指数，$t/(d \cdot MPa)$；

　　$\mathrm{d}H$——动、静液面之差，m；

　　L_d——动液面深度，m；

　　L_j——静液面深度，m。

由式（4-2）得

$$Q = J' \times (L_\mathrm{d} - L_\mathrm{j}) \qquad (4-3)$$

由于静液面为一常量，J'也可以看成是一个常量，则日产液量 Q 是自变量动液面 L_d 的函数，因此，知道了静液面和采液指数，可根据需要的产量来确定相

应的泵挂深度，即

$$L = \frac{Q}{J'} + L_{\mathrm{j}} + h_{\mathrm{c}} \qquad (4-4)$$

式中 L——泵挂深度，m；

h_{c}——沉没度，m。

由上式得

$$Q = J' \times (L - L_{\mathrm{j}} - h_{\mathrm{c}}) \qquad (4-5)$$

根据上式，可以作出如图 4-1 所示的油井供液能力曲线。从上式和图 4-1 中可以看出，决定油井供液能力的参数不是泵挂深度 L，而是动液面深度 L_{d}，即 $L_{\mathrm{d}} = L - h_{\mathrm{c}}$。

图 4-2 是井泵合理匹配工况。这种工况的特点是泵的工作点落在 Q 区，并在高效点附近，而且还有保证螺杆泵正常工作的沉没度。在这种匹配条件下，泵的效率最高，产生的热量少，橡胶老化速度减缓；同时因泵总有一定的漏损，泵的润滑条件好，磨损小，泵的寿命就长。油田的使用经验证明，很多运转几年的泵均是在这种合理匹配工况下工作的。因此，井下作业设计人员必须根据井的采液指数，设定沉没度，以预定的动液面深度来确定泵挂深度和日产液量，并根据以上条件选择泵。在试运行期间，不断调整泵的转速和产液量，以达到井泵的合理匹配，使泵获得较长寿命。

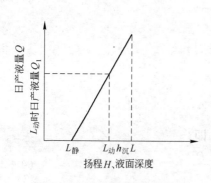
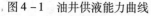

图 4-1 油井供液能力曲线

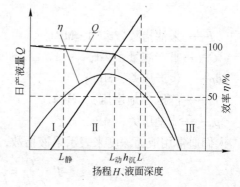

图 4-2 泵的工作点在区内的井泵匹配工况

4.2 采油螺杆泵结构参数

4.2.1 橡胶定子与金属转子之间的过盈量[2]

螺杆泵结构参数对转速的影响主要指的是橡胶定子与金属转子之间的过盈量[3~6]。定、转子之间过盈配合如图 4-3 所示，其过盈值为 $\delta = (b - a)/2$。为了使螺杆泵具有容积泵的特点，必须使定、转子间的空腔保持良好的密封性，即必须有一定的过盈值[7]，其原因如下：

（1）加工工艺不能保证定子和转子具有理想的几何形状；

（2）定子橡胶是弹性体，在一定压差下会产生弹性变形和漏失；

（3）转子运转时，会产生使转子向一个方向偏转的惯性力和液压径向力。另外，过盈量的存在使螺杆泵运行时摩擦力矩增大。

当螺杆泵在油井中工作时，其过盈量值包括三部分：

（1）初始过盈量 δ_1。

（2）热膨胀引起的过盈量 δ_2。由于油井的温度一般高出室内温度，螺杆泵定子外壳是钢套且衬套是橡胶，而橡胶的热膨胀系数是钢热膨胀系数的 50 倍以上，不同的热膨胀系数导致定子橡胶内腔变小，所以增加了螺杆泵定、转子间的过盈量。

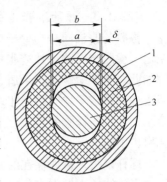

图4-3 定、转子之间的过盈配合结构图
1—定子钢套；2—定子橡胶；
3—金属转子
a—定子橡胶内径；
b—金属转子直径

（3）原油溶胀造成的过盈量 δ_3。橡胶在原油中会产生较大的油溶胀，尤其是在高芳香烃原油中这种现象更为明显，会使定子橡胶内腔变小。

因此，螺杆泵在油井中工作时的总过盈量值 δ 为：

$$\delta = \delta_1 + \delta_2 + \delta_3 \qquad (4-6)$$

由于总过盈量值 δ（$\delta = (b-a)/2$）可以根据螺杆泵的外特性确定，热膨胀引起的过盈量 δ_2 和原油溶胀造成的过盈量 δ_3 可以通过试验的方法获得，所以根据式（4-6）可以逆向确定初始过盈量 δ_1。

4.2.1.1 初始过盈量

对于螺杆泵定子橡胶的初始过盈量 δ_1 来说，在螺杆泵的使用初期由于润滑的缺失，δ_1 较大，转速应尽量稍低一些，降低定子橡胶的磨损量并提高泵的机械效率。而在螺杆泵的使用后期，随着定子橡胶磨损量的增大，定、转子之间的过盈消失，间隙不断增大，可以通过适当提高转速来减缓因漏失导致的容积效率急剧下降趋势。

4.2.1.2 热膨胀引起的过盈量

在常规温度下橡胶热膨胀引起的过盈量随温度的变化率是常数，其大小与橡胶配方有关。橡胶在定子中作为内衬，随着环境温度的变化，体积也随之变化。但是由于定子橡胶约束在定子管内，橡胶的变化只能体现为缩小内孔，过盈量变大。因此当温度升高而引起过盈量较大时，将造成摩擦力矩增大，降低螺杆泵转速。

4.2.1.3 原油溶胀造成的过盈量 δ_3

橡胶与原油同是高分子化合物，多数橡胶在原油中溶胀。有实验指出，螺杆泵定子橡胶与橡胶试片溶胀规律相同，普遍反映为内孔缩小的现象，长轴和短轴都如此。为了缓解这一矛盾，抽油用的螺杆泵多用丁腈橡胶，另加一些添加剂，阻止或减缓定子橡胶的溶胀。当原油中含有水分时，螺杆泵在水中均呈正溶胀，溶胀的大小与橡胶的性质有关。质量、体积变化率均为正值，橡胶配方不同，变化率也不同。

螺杆泵吸入口处存在的游离气和溶解气，慢慢渗入橡胶中。根据气体状态方程，当气体压力发生变化时，产生内压大于外压，产生鼓泡。鼓泡本身就是橡胶内部脱层，橡胶内部发生破坏，这种现象往往出现在起泵时。起泡几天后自动变小，直到恢复原状，但起泡处内部已有伤痕，不易再下井使用。另外螺杆泵虽然能在高含气条件下正常工作，但对螺杆泵的使用寿命有较大的影响，应特别注意螺杆泵环境压力的变化。气体含量越高，环境压力越大，在环境压力瞬时下降越大时，起泡越多、越大，破坏就越严重。

通过上述分析可以看出，若经原油溶胀造成橡胶过盈量增大，则说明橡胶表面被严重弱化，应尽量降低螺杆泵转速。

4.2.2 螺杆泵内部结构参数[8,9]

螺杆泵内部结构参数对其举升性能的影响也是比较大的，相同排量的螺杆泵，由于其内部结构参数的不同，其外部特性表现出来的各方面性能也有很大差异。螺杆泵内部结构参数主要是指定子–转子的导程（螺距）、偏心距、转子截圆直径和泵的级数（以下简称 T、e、D 和 Z）。

转子直径 D 和偏心距 e 越大，被举升介质所含固体颗粒的许用粒度就越大。螺杆泵转子与定子的夹角越大，即导程 T 减小，被举升介质对转子和定子的磨耗越低，且不易产生阻塞。同时对弹性定子而言，被举升介质中的固体悬浮颗粒更不易嵌入。转子与定子的接触面积越小（理论上的最佳状态为密封线），越可以提高螺杆泵的总效率，降低磨损。被举升介质的运动速度越低，即转子转速越低，则螺杆泵的吸入性能越好，磨损越低。

一般认为，加大转子偏心距 e、缩短导程 T、降低螺杆泵的转速 n 将有利于提高螺杆泵的举升性能并降低故障率，延长泵的使用寿命。但是，实际上在泵的排量 Q 不变的情况下，导程 T 和转速 n 的减小则意味着转子偏心距 e 和转子直径 D 的加大，这样不仅增加了制造难度，而且会导致转子的离心力增大，反而增加了转子与定子间的摩擦。这种情况下，可以将实心转子改为空心转子以减小转子质量；在螺杆泵的内部结构参数中，转子偏心距 e 和转子直径 D 的比率是较为重要的参数，目前一般认为，对于实心转子 e/D 的值取为 0.25 较为合理且便于制造，而用空心转子替代实心转子后，e/D 参数的值可以提高至 0.4 左右。

4.3 泵以上的环形空间

螺杆泵的转速大小与油液从泵以上的环形空间向上流动的沿程阻力损失有很大关系。由流体力学知，单相流动时沿程水头损失 h（不考虑局部损失）公式为

$$h = \lambda \frac{L}{d_e} \cdot \frac{v^2}{2g} \tag{4-7}$$

式中　λ——摩阻系数；

　　　L——下泵深度，m；

　　　v——油液流速，m/s；

　　　d_e——环形空间的当量直径，m；

　　　g——重力加速度，m/s^2。

由上式可见，当摩阻系数较大、下泵深度较深、当量直径较小时，若转速越高，则油液流速越大，此时沿程水头损失就很大。另外，在多相流的情况下，根据一些学者的研究，沿程损失也有与上式相类似的形式，但此时流速为多相混合流速，阻力系数与流型有关，不同的流型，阻力系数不同，故在实际应用中还应考虑不同管段的油气流型，从而选择合理的转速。

4.4 油井工况

油井的工况非常复杂，除了原油介质具有的腐蚀性以外，井下常处于高温、高压、砂粒，并伴有腐蚀性气体的状态。这些因素的存在，必将通过转速影响到定、转子的表面性能。因此，为了获得较好的螺杆泵使用寿命，必须根据井况选择合理的转速。下面将分别介绍油井井况对转速的要求。

4.4.1 原油黏度

黏度是对螺杆泵转速影响较大的因素之一。螺杆泵转子旋转时，由于泵两端存在一定的压差，原油迅速充满空腔。当原油黏度较大时，其流动性较差，吸入口的阻力较大，造成原油不能快速充满空腔，使泵的容积效率急剧下降。同时，由于原油未能充满泵的密封腔且原油中存在气泡，容易造成螺杆－衬套副之间的局部干摩擦并伴随剧烈的振动，衬套磨蚀严重，泵的使用寿命降低。因此，当抽汲黏度较高的油液时，螺杆泵的转速应该适当地降低[10~13]。图 4-4 所示为螺杆泵转速与动力黏度以及泵的容积效率关系图。对于地面驱动的螺杆泵，还有相当大的部分能量用于克服抽油杆柱在井中旋转所受到的流体阻力。根据流体力学，在假设为牛顿流体、μ 为常数、等速旋转的条件下，作用在抽油杆柱上的流体转动阻力矩 M 为

$$M = \frac{\pi \mu d_1^2 d_2^2 L}{d_2^2 - d_1^2} \omega \qquad (4-8)$$

式中 μ ——油液黏度，Pa·s；

ω ——抽油杆旋转角速度，rad/s；

L ——抽油杆柱长度，m；

d_1，d_2 ——抽油杆外径、油管内径，m。

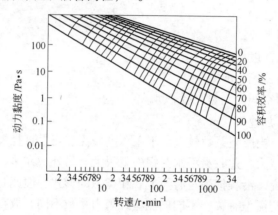

图 4-4 动力黏度与转速的变化曲线

由式（4-8）可见，在黏度较大时，如果转速过高，阻力矩变得很大，不仅会引起泵的机械损失增大，还会对抽油杆的强度造成一定的影响。所以，当抽汲的油液黏度较高时，泵的转速应低些，对地面驱动的螺杆泵采油系统，常用转速一般为 50~200r/min。在动力黏度为 10Pa·s 以上时，转速一般不应超过 50 r/min；在黏度较小时，转速一般可选在 200r/min 以上，有时甚至可达 300r/min。

4.4.2 井下温度

螺杆泵工作时，受环境温度的变化因素主要有以下几个方面：

（1）地层。螺杆泵下入深度越深，即下泵深度越大，环境温度越高；

在同一井筒中，不同深度的温度为：

$$T_h = t_0 + \alpha \cdot h \qquad (4-9)$$

式中 T_h，t_0 ——分别表示任意井深温度和地面平均温度，℃；

α ——地温梯度，℃/100m；

h ——井筒中离地面垂直的距离，m。

（2）螺杆泵举升流体与橡胶摩擦产生大量的热量。流体与定子橡胶摩擦产生的热量，会使螺杆泵的定子橡胶急剧升温，升温的幅度与螺杆泵抽汲油量、流体的黏度、摩擦力的大小、举升压等多方面的因素有关。

（3）油井作业，也会使螺杆泵的温度发生变化。如注蒸汽，可使螺杆泵定子橡胶的温度大幅度升高；如注水、泥浆等都会使螺杆泵的温度下降。

总之，螺杆泵的定子橡胶受综合因素的影响。螺杆泵不工作时，允许的温度偏高，螺杆泵在工作的过程中不允许存在超过定子橡胶的许用温度。下泵后，螺杆泵定子橡胶的温度变化是一个重要的因素，不容忽视。

温度对螺杆泵的影响有好的一面，也有坏的一面，不利因素占的比例大[14,15]。温度高，使油流特性变好，结蜡减缓，黏度降低，油流沿程损失降低，使螺杆泵的举升压头降低。但是温度增高会使分子链的重新组合加快、橡胶力学性能降低，加速了原油与橡胶表面的磨蚀作用，降低螺杆泵的举升性能和使用寿命。从上述两方面考虑，在温度较高的条件下，应尽量使转速控制在较低的范围内。

4.4.3 泵端压差

螺杆泵在采油过程中，经历了3个主要阶段将地下液体提升到地面。

（1）液体的吸入。在泵入口处，随着转子的转动，吸入口空腔体积增大，产生真空，从而吸入井下液体。随着转子的继续转动，吸入的液体被逐渐密封形成第一级密封腔。此时密封腔内液体的压力等于井下液体压力。

（2）液体的传递。随着转子的转动，入口处会不断形成新的密封腔，原来的第一级密封腔会随着转子的转动向上移动，变成二级、三级密封腔，从而使泵内密封腔中的液体向泵的出口运动，将入口吸入的液体输送到泵出口。

（3）液体的排出。随着转子的转动，入口处密封腔的液体被不断地输送到泵出口处，若不考虑井筒内液体的压力，此时出口液体的压力还是等于入口时的压力。但是由于螺杆泵的出口距离井口还有1000m左右的距离（假设下泵深度为1000m），也就是说螺杆泵出口以上还有1000m高的液柱，这就要求只有螺杆泵出口压力大于1000m液体柱所产生的压力值，才能够将井下的液体举升到地面。

因此，从采油过程可以看出，螺杆泵从开始启动到正常运转时，油液通过转子的旋转吸入管腔，腔内产生压力致使泵的两端产生压力差。当压差较小时，腔内的密封性能较好且油液漏失少，转子和定子橡胶几乎直接接触，容积效率几乎为100%。由于橡胶的摩擦系数较大，摩擦损失也较大，机械效率较低。当压差达到某一值时，油液开始漏失，容积效率逐渐降低，如图4-5所示。从图可以看出，随着泵端压差的升高，螺杆泵的容积效率 η 增大。当转速为150r/min时，螺杆泵的容积效率随着泵端压差的增大有所降低；但当转速提高到300r/min时，螺杆泵的容积效率随着泵端压差的增大有较大幅度的提升。为保证在泵端压差较大情况下的螺杆泵容积效率，需要采取提高转速的措施[16~21]。

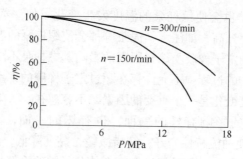

图 4 - 5   泵端压差与容积效率的特性曲线

4.4.4   原油中的含砂量

稠油井中的原油含有砂粒，有时砂粒的含量甚至超过 40%。它的存在使得定子与转子间的磨损由原来的二体磨损变为三体磨损，虽橡胶材料具有弹性有较好的容砂能力，但其磨损程度大幅度加剧。螺杆泵的磨损失重与进入到螺杆泵内与转子、定子接触砂粒的数量成正比关系，同时砂粒的硬度越高，定子损坏越严重[22,23]。

目前含砂稠油井的开采工艺主要采用排砂冷采。在吉林的套保油田产出砂粒径为 0.03 ~ 0.05mm。初期试验阶段，因忽视砂粒对泵的磨损，初期就高速运行，出现了定子、转子严重磨损现象。在总结经验和参照国外经验的基础上，后期试验阶段在投产初期（即高含砂期）驱动转速控制在 40 ~ 60r/min。现场试验表明：若转速过低，会使砂子沉淀，造成砂卡；当含砂下降到 5% 左右，若出现液面过高现象，可把转速提至最高为 150r/min。从现场应用效果看，该驱动转速比较合理，后期投产多口井没有出现转子、定子严重磨损现象。

此外，螺杆泵排量是一个关键的设计参数，若泵排量选择过小，初期运行速度又不能超过 60r/min 时，此时液面抽不下去，影响出砂及产量。若泵排量选择过大，液面跟不上，必须降低转速，当转速低于 40r/min，砂子沉淀。根据这种情况，首先必须在地质上确定单井产量范围，再结合泵出厂的标定排量确定螺杆泵型号。具体确定泵排量的方法是：预测最大单井产量 ÷ 泵效 × 2，根据这一结果选择与转速 100r/min 排量大致一致的泵。这种确定方法除可保证排砂冷采生产需要外，还能在泵效降低时提高转速，满足油井产能需要。

4.4.5   原油中的含气量

单螺杆抽油泵没有阀门结构，不会发生气锁。但在抽取高含气的油液时，泵的性能也会受到影响[20]。研究表明，在泵送高含气的油液时，泵正常工作所需的最小油液量不得少于泵理论排量的 10%，否则泵定子和转子就会产生"干磨"，导致泵振动大、扭矩大和急剧磨损而失效。尤其是在 5% 以下时更为严重。同时，CO_2、H_2S 等气体能使橡胶发生溶胀，并和橡胶材料发生化学反应，使表面性能恶化，也加速了磨损进程。H_2S 气体可以使橡胶腈键连接错乱，使得橡胶变硬、收缩，失去弹性、力学性能变差，并在定子橡胶中产生由表及里的裂纹。CO_2 气体则可以穿透橡胶，引起橡胶的软化和溶胀，使定子发生"突发性降压"。当橡胶的耐气体渗透设计不合理时，将极大地影响橡胶的使用寿命。从降低螺杆泵衬套磨损的角度出发，在高含气量的油井中尽量使螺杆泵在较低转速下作业。

4.4.6 原油中的含蜡量

原油中蜡含量的增多，会急剧增加泵的出口压力，使泵负荷增大，严重时扭断抽油杆或使泵损坏。因此要经常检查电机电流，若超过规定值，应立即停机洗井。同时由于螺杆泵定子是在优质钢体内注压橡胶而成，定子表面进行镀铬处理，因而决定了该井不能长期加药剂清防蜡[24]。

中国石化华东分公司苏北小油田苏 205B 井至计量房近 700m 流程使用至今已有 6 年，由于在套管中长期加清防蜡药剂，以防止结蜡，使井口至井下 800m 油管外壁形成许多腐蚀坑点，这些坑点同样也会出现在输油管线中，这不仅会阻碍原油正常的流动，也有利于原油在输油管线中结蜡并堆积蜡。加上伴热管结垢并渗漏，保温效果差（抽油机机抽时回压最高达到 4MPa），造成回压升高，目前油井回压已升至近 2MPa，如再升高则超过螺杆泵的额定工作压力，影响油井的正常工作。

因此，当原油中含有大量蜡时，应提高转速，加大排液量，降低井口回压，正确选择泵和泵的转速。按井的产量进行生产，这一点十分重要。它主要取决于油井的渗透率和动液面高度。当泵的型号确定后，排液量又取决于泵的转速。要准确地计算合适的产量是很困难的，可以采用试验的办法。先按小于油井设计产量的转速使泵工作，稳定工作一星期后，再增加转速 30%，然后再测试产量的动液面，若产量也增加 30%，而动液面没下降，再重复此步骤，当达到最高产量时，就保持这个转速，这个转速就是得到的最高产量所要求的转速。

4.5 螺杆泵定子橡胶的磨损

螺杆泵衬套磨损主要有疲劳磨损、腐蚀磨损和磨粒磨损等。橡胶的疲劳磨损是在橡胶与其坚硬而圆钝的对偶表面之间的摩擦力和接触应力均不太大的条件下，所产生的一种比较普遍的磨损形式，是一种低强度的磨损。橡胶疲劳磨损的特点是材料表层因多次压缩、拉伸和剪切变形而导致破坏，这些变形是在滑动时，由于橡胶和坚硬的粗糙表面之间的相互作用所引起的。螺杆泵的磨损主要属于此类磨损。众所周知，原油是一种腐蚀性介质，在磨损过程中橡胶的表面还会受到腐蚀介质的影响，弱化了材料表面的性能，导致磨损加剧；另外磨损后的新鲜表面也会加速材料的腐蚀，从而产生腐蚀磨损。螺杆泵具有很好的容砂能力，但砂粒的存在必然加速橡胶的磨损。按照固体颗粒在液体介质中的位置是否固定，可以将磨粒磨损分为两类，即自由磨粒作用下的三体磨损和固定磨粒作用下的二体磨损[25~28]。

泵的衬套磨损量与工作转速的平方成正比。转速越高，螺杆、衬套之间的滑动速度越大，衬套所受循环载荷的频率也越大，接触区的温升也越高，这就加剧了摩擦磨损及疲劳磨损的程度。在高含砂的油井中，过高的工作转速还会加剧磨粒性磨损，造成螺杆衬套橡胶接触面凸出部分的擦伤，导致螺杆泵过早失效。所以，从降低衬套磨损、延长泵的寿命角度分析，泵的转速不宜过高，在含砂量较高（4%~5% V/V）的油井开采作业中，泵的转速以小于 100r/min 为宜。然而，降低泵的转速会对泵的容积效率造成不利的影响。随着转速降低，容积效率将会大幅度下降。为保证泵在低转速状态下的高效率，可采取降低泵的工作压力或提高泵的每级承压能力（采用高扬程泵）的办法，来补偿因转速降低而引起的容积效率的下降。这样就可做到低转速下的高效率，同时也降低了泵的磨损，延长了泵的寿命。另外，在高含气油层的开采作业中，螺杆、衬套之间还可能会产生干磨，从磨损和润滑的角度看，除了保证泵有一定的沉没度外，泵也应在较低转速下工作。

4.6 螺杆泵的容积效率和机械效率

螺杆泵运行过程中，并不是所有的机械能都转换为有用功，损失的能量可分为水力损失、容积损失和机械损失三种。由于过流部分的水力损失很小，一般都忽略不计。因此，螺杆泵能量损失主要是容积损失和机械损失。

4.6.1 螺杆泵的容积效率

一般情况下，螺杆泵井下工作过程中，影响泵效的两大主要因素为泵的漏失量与充满程度。其中，泵的充满度即为泵入口处液体对泵腔体的充满程度。液体黏度越大、含气越高、转速越快，泵的充满度越低，反之越高；泵的漏失量即液体从泵入口向上举升过程中沿定转子结合面回流的部分，泵出口压力越高、定转子过盈值越小、转速越低，漏失量就越大，反之漏失量越小。对于螺杆泵井的泵效指标来说，同时满足高的泵充满度与低的泵漏失量，才是保证高泵效的最理想状态。

由上可知，转速对泵的漏失量与泵的充满程度均有影响，且影响结果相反：一方面转速越高，漏失越少，致使泵效越高；另一方面转速越高，泵的充满程度越差，致使泵效越低。井下泵工作中的泵效综合了这两种影响。

4.6.2 螺杆泵的机械效率

由公式（2-24）和式（2-30）可以看出，在泵的结构参数、油液物性、泵压等参数不变的情况下，容积效率随转速的增大而增大，而机械效率随转速的增大而稍有下降。当转速较高时，虽然机械效率稍低，但总效率仍然较大。从提高螺杆泵容积效率的角度来看，泵的转速应尽可能取得大一些。

4.6.3 泵两端压差对效率的影响

4.6.3.1 泵入口压力的计算

在对套管中流体流动形态划分的基础上，选用适应性较强、精度较高的奥可适韦斯基（Orkiszeweski）垂直管多相流压降的计算相关公式。通过对套管内多相压降的计算，确定出泵入口的压力。典型的多相压降的计算式为

$$\Delta p = \frac{1}{6366}(0.0624\bar{\rho}_i - 44.2081\bar{\tau}_{fi})/ \tag{4-10}$$

$$[(1 - 77.8519W_{ii}Q_{gi})(7.7922 \times 10^7 A_p^2 \bar{p}_i)^{-1}]\Delta h_i$$

根据式（4-10），井底至泵入口处整个套管内的压降可表示为：

$$\Delta p_{AH} = -\sum_{i=1}^{n}\Delta p_i \tag{4-11}$$

式中　n——计算区段内所划分的总单元数（为正整数）；

i——计算区段内计算单元（$i = 1, 2, \cdots, n$）；

Δp_i——第 i 个单元内的压力降（负值），MPa；

Δh_i——第 i 个单元内的高度，m；

$\bar{\rho}_i$——第 i 个单元内多相流体的平均密度，kg/m^3；

$\bar{\tau}_{fi}$——第 i 个单元内多相流体的平均摩擦损失梯度，MPa/m；

W_{ii}——计算管柱内第 i 个单元内的多相流体的质量流，kg/s；

Q_{gi}——第 i 个单元内自由气体流量，m^3/s；

$\bar{p}_i$——第 i 个单元内平均压力，MPa；

A_p——计算管柱的过流面积，m^2，$A_p = D_{Ti}^2/4$，其中，D_{Ti} 为套管内径，m。

于是，节点泵入口压力可确定为：

$$p_{in} = p_{wft} - \Delta p_{AB} \tag{4-12}$$

4.6.3.2 泵出口压力的计算

泵出口压力的计算，也是采用奥可适韦斯基压降计算方法，只不过计算方向变为由上（井口）而下（泵出口）。

考虑到逆压力降方向计算的特点，从井口至泵出口油管内的总压力降 Δp_{DC}

可表示为：

$$\Delta p_{DC} = \sum_{i=1}^{n} \Delta p_i \qquad (4-13)$$

式中 Δp_i——油管内第 i 个计算单元的压力降（正值），MPa。

于是，可给出泵出口处压力 p_{out} 的表达式为

$$p_{out} = p_{wh} + \Delta p_{DC} \qquad (4-14)$$

式中 p_{wh}——节点 D 处井口压力（一般由井口压力表测出），MPa。

这样，螺杆泵输出端与输入端的压差便可确定为

$$\Delta p_B = p_{out} - p_{in} \qquad (4-15)$$

4.6.4 油的温度和黏度对容积效率的综合影响

4.6.4.1 介质温度对螺杆泵容积效率的影响

为了研究温度对螺杆泵容积效率的影响，我们根据大庆油田中区井深1000m、井温50℃，选用室温15℃的清水与加温到泵出口温度50℃的清水作为实验介质。用同一台泵，以同一转速（转子转速162r/min）作对比试验。试验数据见表4-1。

表4-1 不同温度下清水对螺杆泵容积效率影响对比实验数据

容积效率 $\Delta\eta_{vw}$/% 泵出口压力/MPa 介质	0	2	3	4	5	6	7	8	9	9.5	10	12	12.5
清水15℃	100	99.7	96	90	82	69.5	52	32	12	0			
清水50℃	100	100	100	99.7	98	94	89	82	71	64	58	13	0
容积效率增量	0	0.3	4	9.7	16	24.5	37	50	59	64	58	13	0

为便于分析，以泵出口压力 p 为横轴，受温度影响的容积效率 η_{vw} 为纵轴，作 $p-\eta_{vw}$ 曲线，见图4-6，图中 $ABCD$ 曲线为15℃清水时 $p-\eta_{vw}$ 曲线，ABC_1D_1E 为50℃清水时 $p-\eta_{vw}$ 曲线。

把 ABC_1D_1EDCBA 所围成的图形分成四部分来考虑。

第一部分：AB 段，泵无漏失，泵出口压力为 $0\sim2$MPa。

$$\eta_{vw(50℃)} = \eta_{vw(15℃)} \qquad (4-16)$$

式中，$\eta_{vw(50℃)}$，$\eta_{vw(15℃)}$ 分别是介质为50℃和15℃清水时螺杆泵容积效率。

第二部分：BC_1C，泵出口压力为 $2\sim4$MPa。

$$\eta_{vw(50℃)} = \eta_{vw(15℃)} + 4.7(p-2) \qquad (4-17)$$

式（4-17）是经验公式。B 点为15℃清水泵无漏失拐点；C_1 点为50℃清水泵无漏失拐点。

第三部分：C_1D_1DC，泵出口压力为 4MPa 至 15℃清水零排量时泵出口最大压力 $p_{wmax(15℃)}$。在这个区域内，在相同泵出口压力下，介质为 50℃清水与介质为 15℃清水的容积效率增量见表 4-2、图 4-7。由图可见，该曲线为抛物线型，通过曲线拟合，得出

$$\Delta\eta_{vw} = 0.73p^2 - 1.88 \tag{4-18}$$

而

$$\eta_{vw(50℃)} = \eta_{vw(15℃)} + \Delta\eta_{vw}$$

即

$$\eta_{vw(50℃)} = \eta_{vw(15℃)} + 0.73p^2 - 1.88 \tag{4-19}$$

第四部分：D_1ED，可近似看作三角形来考虑，泵出口压力，15℃清水零排量时泵出口最大压力 $p_{wmax(15℃)}$ 至 50℃清水零排量时泵出口最大压力 $p_{wmax(50℃)}$，这时

$$\eta_{vw(50℃)} = 0.73p_{wmax(15℃)}^2 - 1.88 - 21.3(p - p_{wmax(15℃)}) \tag{4-20}$$
$$= 0.73p_{wmax(15℃)}^2 + 21.3p_{wmax(15℃)} - 21.3p - 1.88$$

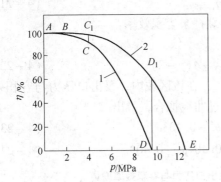

图 4-6 温度对螺杆泵容积效率的影响

1—15℃清水；2—50℃清水

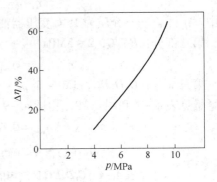

图 4-7 泵出口压力与容积

效率增量之间的关系

表 4-2 泵出口压力与容积效率增量

泵出口压力/MPa	4	5	6	7	8	9	9.5
容积效率增量 $\Delta\eta_{vw}$/%	9.7	16	24.5	37	50	59	64

橡胶具有明显热胀冷缩的性质，螺杆泵定子内的橡胶衬套也是如此。所处环境温度升高后，定子橡胶膨胀，增大了转子与定子间的过盈量，也就是说，定-转子之间的密封腔室密封效果更好，单级腔室的载压能力增强。因此，在同一净举升扬程条件下，温度升高，螺杆泵容积效率也随之提高。

4.6.4.2 介质黏度对螺杆泵容积效率的影响

为了模拟大庆油田中区原油黏度 $9\times10^{-3} \sim 11\times10^{-3}$ Pa·s，选用变压器油为

试验介质，测定15℃时黏度为$15 \times 10^{-3} Pa \cdot s$，50℃时黏度为$11 \times 10^{-3} Pa \cdot s$。表4-3是室温15℃条件下，用清水与变压器油为试验介质时螺杆泵（转子转速162r/min）的实验数据。

表4-3 清水和变压器油为试验介质时螺杆泵的试验数据

容积效率 $\Delta\eta_{vw}/\%$　　介质	泵出口压力 /MPa 0	2	3	4	5	6	7	8	9	9.5	10	11
清水（15℃）	100	99.7	96	90	82	69.5	52	32	12	0		
变压器油（15℃）	100	100	99.7	97	93	87	78	65	48	37	58	0
容积效率增量	0	0.3	3.7	7	11	17.5	26	33	36	37	58	0

根据实验数据作出$p - \eta_{vw}$曲线，见图4-8，同样把曲线分四部分来考虑。

第一部分：AB段，0～2MPa，

$$\eta_{vo(15℃)} = \eta_{vw(15℃)} \tag{4-21}$$

式中　$\eta_{vo(15℃)}$——介质为15℃变压器油时螺杆泵容积效率。

第二部分：BC_1C，2～3MPa，

$$\eta_{vo(15℃)} = \eta_{vw(15℃)} + 4(p-2) \tag{4-22}$$

第三部分：C_1D_1DC，3MPa至$p_{wmax(15℃)}$，在该区域内，泵出口压力与容积效率增量见表4-4和图4-9。由图4-9通过曲线拟合，得出

$$\Delta\eta_{vow} = 0.467p^2 - 0.403 \tag{4-23}$$

$$\eta_{vo(15℃)} = \eta_{vw(15℃)} + 0.467p^2 - 0.403 \tag{4-24}$$

表4-4 C_1D_1DC区域内的泵出口压力与容积效率增量

泵出口压力/MPa	3	4	5	6	7	8	9	9.5
容积效率增量 $\Delta\eta_{vw}/\%$	3.7	7	11	17.5	26	33	36	37

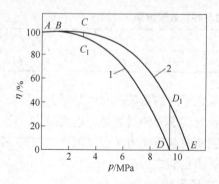

图4-8 温度对螺杆泵容积效率的影响
1—15℃清水；2—50℃清水

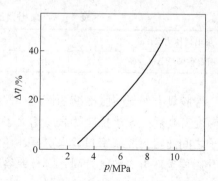

图4-9 泵出口压力与容积
效率增量之间的关系

第四部分：D_1ED，可近似看作三角形，泵出口压力范围为 $p_{wmax(15℃)}$ 至 15℃ 变压器油零排量时泵出口最大压力 $p_{omax(15℃)}$。

$$\eta_{vo(15℃)} = 0.467p_{wmax(15℃)}^2 - 0.403 - 24(p - p_{wmax(15℃)}) \tag{4-25}$$
$$= 0.467p_{wmax(15℃)}^2 + 24p_{wmax(15℃)} - 24p - 0.403$$

式（4-18）与式（4-23）相比较，可得出温度、黏度中哪种是影响容积效率的主要因素，表4-5列出 $\Delta\eta_{vw}/\Delta\eta_{vow}$ 的计算值与实测值。由表4-5可看出，温度是影响容积效率的主要因素，而且是黏度对容积效率影响增量的1.51倍。从计算与实测平均值误差也可看出式（4-18）与式（4-23）是可靠的。

表4-5 $\Delta\boldsymbol{\eta}_{vw}/\Delta\boldsymbol{\eta}_{vow}$的计算值与实测值

泵出口压力/MPa		4	5	6	7	8	9	9.5	平均
$\dfrac{\Delta\eta_{vw}}{\Delta\eta_{vow}}$	计算值	1.386	1.45	1.487	1.51	1.52	1.53	1.53	1.488
	实测值	1.386	1.455	1.4	1.42	1.515	1.64	1.729	1.51
误 差		0	0.05	-0.087	-0.09	-0.005	0.11	0.199	0.022

4.6.4.3 温度、黏度对容积效率的综合影响

前面论述了温度、黏度对螺杆泵容积效率的单因素影响，下面仍用实验的方法对两者的综合作用加以讨论。

以15℃清水与50℃变压器油为试验介质时得到的实验结果见表4-6和图4-10。

表4-6 清水和变压器油为试验介质时螺杆泵的试验数据

容积效率 $\Delta\eta_{vw}$/% 泵出口压力/MPa 介质	0	2	3	4	5	6	7	8	9	9.5	10	11	12	13	13.5
清水（15℃）	100	99.7	96	90	82	69.5	52	32	12	0					
变压器油（50℃）	100	100	100	100	99.5	98	95	91	85	80	76	61	41	14	0
容积效率增量	0	0	4	10	17.5	28.5	43	59	73	80	76	61	41	14	0

图4-10中 AB 段，0~2MPa，

$$\eta_{vo(50℃)} = \eta_{vw(15℃)} \tag{4-26}$$

式中 $\eta_{vo(50℃)}$——介质为50℃变压器油时螺杆泵容积效率。

BC_1C，2~5MPa，

$$\eta_{vo(50℃)} = \eta_{vw(15℃)} + 5(p-2) \tag{4-27}$$

C_1D_1DC，5MPa 至 $p_{wmax(15℃)}$，在这个区域内，泵出口压力与容积效率增量见表4-7、图4-11。

表 4 – 7　C_1D_1DC 区域内的泵出口压力与容积效率增量

泵出口压力/MPa	4	5	6	7	8	9	9.5
容积效率增量 $\Delta\eta_{vow}$/%	10	17.5	28.5	43	59	73	80

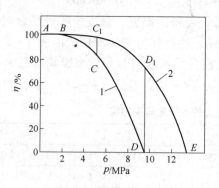

图 4 – 10　温度、黏度对螺杆泵容积效率的影响
　　　　1—15℃清水；2—50℃清水

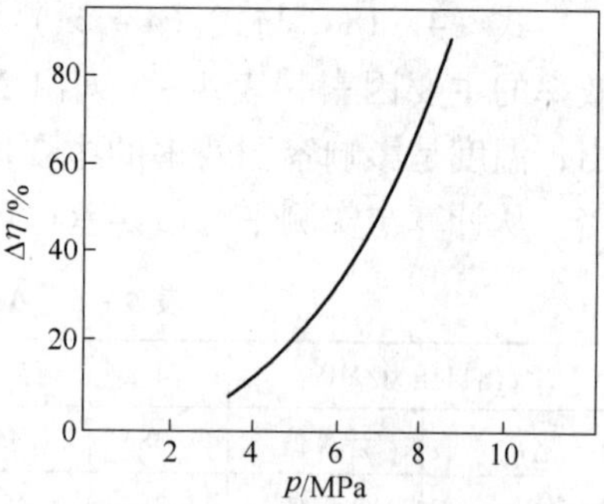

图 4 – 11　泵出口压力与容积
　　　　效率增量之间的关系

$$\Delta\eta_{vo} = 0.9588p^2 - 5.478 \tag{4-28}$$

$$\eta_{vo(50℃)} = \eta_{vw(15℃)} + 0.9588p^2 - 5.478 \tag{4-29}$$

D_1ED，$p_{wmax(15℃)}$ 至 50℃变压器油零排量时泵出口最大压力 $p_{omax(50℃)}$。

$$\eta_{vo(50℃)} = 0.9588p^2_{wmax(15℃)} - 5.478 - 20(p - p_{wmax(15℃)}) \tag{4-30}$$

$$= 0.9588p^2_{wmax(15℃)} + 20p_{wmax(15℃)} - 20p - 5.478$$

为使研究具有普遍意义，当举升介质温度、黏度变化后，得出：

0 至 $3p_{wmax(T0)}/p_{omax(T)}$：

$$\eta_{vo(T)} = \eta_{vw(T0)} \tag{4-31}$$

$3p_{wmax(T0)}/p_{omax(T)}$ 至 $7p_{wmax(T0)}/p_{omax(T)}$：

$$\eta_{vo(T)} = \eta_{vw(T0)} + 5(p - 2) \tag{4-32}$$

$7p_{wmax(T0)}/p_{omax(T)}$ 至 $p_{wmax(T0)}$：

$$\eta_{vo(T)} = \eta_{vw(T0)} + 0.9588p^2 - 5.478 \tag{4-33}$$

$p_{wmax(T0)}$ 至 $p_{omax(T)}$：

$$\eta_{vo(T)} = 0.9588p^2_{wmax(T0)} + 20p_{wmax(T0)} - 20p - 5.478 \tag{4-34}$$

以上各式中的 $p_{omax(T)}$ 由下式确定：

$$p_{omax(T)} - p_{wmax(T0)} = 1.48(T/T_0)^{0.94}(N/N_0)^{1.147}(u/u_0)^{0.005} \tag{4-35}$$

式中　$p_{wmax(T0)}$——举升介质为清水，温度为 T_0，转子转速为 N_0 状态下零排量时泵出口最大压力，MPa；

$p_{omax(T)}$——举升介质为油液，温度为 T，转子转速为 N 状态下零排量时泵出口最大压力，MPa；

$\eta_{vo(T)}$——介质为 T℃油液时螺杆泵的容积效率，%；

$\eta_{vw(T0)}$——介质为 T℃清水时螺杆泵的容积效率，%；

T——举升介质变化后的温度，℃；

u_0——试验介质黏度，cp（$1cp = 10^{-3}Pa \cdot s$）；

u——举升介质变化后的黏度，cp（$1cp = 10^{-3}Pa \cdot s$）；

N——转子新的工作转速，r/min。

式中，p 的取值范围为 $0 \sim p_{omax(T)}$。

参 考 文 献

[1] 赵英. 油井供液能力和螺杆泵抽汲能力的匹配［J］. 新疆石油学院学报，2001，13
　　（4）：46～48.

[2] 王世杰，李勤. 潜油螺杆泵采油技术及系统设计［M］. 北京：冶金工业出版社，2006.

[3] 何艳. 螺杆泵采油系统优化延长检泵周期技术研究［D］. 黑龙江：大庆石油学
　　院，2006.

[4] 侯宇. 螺杆泵定转子合理过盈量确定方法研究［D］. 黑龙江：东北石油大学，2011.

[5] 吕彪. 螺杆泵合理过盈量研究［D］. 黑龙江：大庆石油学院，2008.

[6] Zhang Shiwei, Zhang Zhijun, Xu Chenghai. Virtual design and structural optimization of dry
　　twin screw vacuum pump with a new rotor profile［J］. Applied Mechanics and Materials,
　　2009, 16 – 19：1392～1396.

[7] 叶卫东，韩道权. 宋玉杰，等. 螺杆泵定子与转子的接触分析［J］. 石油矿场机械，
　　2008，37（8）：25～28.

[8] 叶卫东，韩国有，宋玉杰. 螺杆泵结构参数的试验研究［J］. 油气田地面工程，2008，
　　27（1）：26～27.

[9] 师国臣，陈卓如，王劲松，等. 螺杆泵结构参数误差对工作特性的影响［J］. 石油机
　　械，2001，29（10）：41～43.

[10] 王永昌，郑贵，胡景新. 螺杆泵试验转速和黏度对水力特性检测的影响［J］. 石油工
　　业技术监督，2009，（7）：5～9.

[11] 韩修廷，王秀玲. 螺杆泵采油原理及应用［M］. 黑龙江：哈尔滨工程大学出版
　　社，1998.

[12] 杜香芝. 螺杆泵检测系统［J］. 油气田工程，2007，26（5）：62.

[13] 张军，陈听宽，金友煌. 螺杆泵转速选择应考虑的几个问题［J］. 石油钻采工艺，
　　1998，20（2）：88～91.

[14] 王永昌，杜香芝. 螺杆泵试验转速和温度对水力特性的影响［J］. 石油矿场机械，
　　2011，40（4）：65～69.

[15] 薛建泉，张国栋，李敏慧. 螺杆泵定子及泵内流体温度场分布规律［J］. 排灌机械工
　　程学报，2013，31（2）：113～117.

[16] 李迎新. 螺杆泵井工况诊断及杆柱优化设计方法研究 [D]. 黑龙江：大庆石油学院，2006.

[17] Wilson B L, Pankratz R E. Predicting power cost and its role in ESP economics [J]. Artificial lift Workshop, 1987, (4): 22～24.

[18] Vandevier J E. Optimum power cable sizing for electric submersible pumps [J]. Production Operations Symposium, 1987, (3): 8～10.

[19] 操建平，孟庆昆，高圣平，等. 螺杆泵漏失机理研究 [J]. 机械设计与制造，2012，4：153～155.

[20] 王春艳. 螺杆泵抽油井工况分析 [D]. 黑龙江：大庆石油学院，2004.

[21] Savins J G, Wallick G C. Viscosity profiles, discharge rates, pressures and torques for a theologically complex fluid in a helical flow [J]. A. I. Ch. Journal, 1996, 26 (5): 22～25.

[22] 郁文正. 地面驱动采油螺杆泵设计中的若干问题 [J]. 石油机械，1992，20 (6): 5～10.

[23] 胡江明，王芙蓉. 螺杆泵举升技术在稠油排砂冷采中的应用 [J]. 石油钻采工艺，2004，26 (1): 69～73.

[24] 殷宜平. 螺杆泵采油在高含蜡井的应用及效果 [J]. 天然气经济，2005，3：67～68.

[25] 李萍，陈勇. 油田螺杆泵定子橡胶性能的影响因素 [J]. 橡胶科技市场，2008，(13): 23～25.

[26] 杨秀萍，郭津津. 单螺杆泵定子橡胶的接触磨损分析 [J]. 润滑与密封，2007，32 (4): 33～35.

[27] 陈玉祥，王霞，周松，等. 提高螺杆泵定子橡胶材料寿命的分析与研究 [J]. 排灌机械，2005，23 (4): 6～9.

[28] 张嗣伟. 橡胶磨损原理 [M]. 北京：石油工业出版社，1998.

5 螺杆泵转速优化模型构建及预测

通过对第 4 章采油螺杆泵转速影响因素的分析，可以看出螺杆泵转速优化是一个非常复杂的问题。由于螺杆泵转速与这些影响因素之间的关系具有不确定性，而且它们之间呈现出非线性、强耦合、时变的特点，无法用精确的数学关系式描述它们之间的关系，建立线性数学模型的方法求解转速优化问题是比较困难的。因此，近年来人们采用一些非线性优化方法对螺杆泵转速进行预测优化计算，期望对螺杆泵转速优化问题取得定量描述的结果。

5.1 常用的非线性优化方法

目前，非线性理论在自然科学和社会科学等许多科学领域得到了广泛的应用，并取得了丰硕的成果。非线性方法主要有遗传算法、人工神经网络、灰色理论、小波分析、模糊系统理论等[1~5]，下面分别进行简单介绍。

5.1.1 遗传算法

5.1.1.1 定义

遗传算法（genetic algorithm）是模拟达尔文生物进化论的自然选择和遗传学机理的生物进化过程的计算模型，是一种通过模拟自然进化过程搜索最优解的方法，它最初由美国 Michigan 大学 J. Holland 教授于 1975 年首先提出来的，并出版了颇有影响的专著《Adaptation in Natural and Artificial Systems》，GA 这个名称才逐渐为人所知。J. Holland 教授提出的 GA 通常为简单遗传算法（SGA），其主要特点是直接对结构对象进行操作，不存在求导和函数连续性的限定；具有内在的隐并行性和更好的全局寻优能力；采用概率化的寻优方法，能自动获取和指导优化的搜索空间，自适应地调整搜索方向，不需要确定的规则。遗传算法的这些性质，已被人们广泛地应用于组合优化、机器学习、信号处理、自适应控制和人工生命等领域。它是现代有关智能计算中的关键技术。

遗传算法是从代表问题可能潜在的解集的一个种群（population）开始的，而一个种群则由经过基因（gene）编码的一定数目的个体（individual）组成。每个个体实际上是染色体（chromosome）带有特征的实体。染色体作为遗传物质的主要载体，即多个基因的集合，其内部表现（即基因型）是某种基因组合，它决定了个体的形状的外部表现，如黑头发的特征是由染色体中控制这一特征的某种基因组合决定的。因此，在一开始需要实现从表现型到基因型的映射即编码工作。由于仿照基因编码的工作很复杂，我们往往进行简化，如二进制编码。初代种群产生之后，按照适者生存和优胜劣汰的原理，逐代（generation）演化产生出越来越好的近似解。在每一代，根据问题域中个体的适应度（fitness）大小选择（selection）个体，并借助于自然遗传学的遗传算子（genetic operators）进行组合交叉（crossover）和变异（mutation），产生出代表新的解集的种群。这个过程将导致种群像自然进化一样的后生代种群比前代更加适应环境，末代种群中的最优个体经过解码（decoding），可以作为问题近似最优解。

　　由于遗传算法的整体搜索策略和优化搜索方法在计算时不依赖于梯度信息或其他辅助知识，而只需要影响搜索方向的目标函数和相应的适应度函数，所以遗传算法提供了一种求解复杂系统问题的通用框架，它不依赖于问题的具体领域，对问题的种类有很强的鲁棒性。

5.1.1.2　应用

　　崔晓航等结合天津天钢集团有限公司中板厂的实际生产过程，通过长期、大量采集的现场工艺数据，应用1stopt软件的遗传算法部分对精轧机支撑辊磨损模型进行参数的优化识别。在1stopt软件遗传算法部分的设置中，设定群体大小为80，变异概率设为0.01，交叉率设为0.85，交叉方法为居中交叉法，选择方法为绝对父本最优选择法。当计算停止指标的收敛允许误差、收敛允许误差判断次数和最大允许迭代次数分别设定为1.00×10^{-10}、200和2000时，得到计算结果见表5-1[6]。

表 5-1　支撑辊磨损预报模型参数表

道　次	1	2	3	4	5	6	7	8
K_0	5.9415	1.9563	7.6427	1.8993	7.0069	4.7640	8.6673	5.5474
K_1	0.6952	0.7353	0.5678	0.4654	0.5513	0.5729	0.6129	0.3293
K_2	0.4482	0.5739	0.4871	0.5152	0.6304	0.8664	0.0001	0.4660
K_3	0.1314	0.4753	0.2663	0.2603	0.7472	0.6939	0.7013	0.6608

　　为了验证结果的准确性，现场采集一组工艺数据，利用得到的中板精轧机支撑辊磨损模型预报磨损量，并将其与实测磨损量对比。对比结果如图5-1所示。从图5-1中支撑辊磨损的实测值与预报值的比较来看，预报值基本与实测值吻合，误差最大值为153μm，说明了磨损辊形预报模型和遗传算法求解模型系数的准确性。

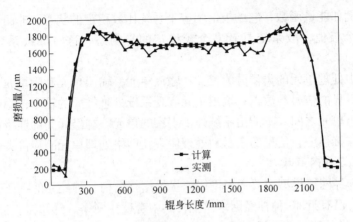

图 5-1 支撑辊磨损预报与实测对比

5.1.2 人工神经网络

5.1.2.1 定义

人工神经网络是一种应用类似于大脑神经突触连接的结构进行信息处理的数学模型。在工程与学术界也常直接简称为神经网络或类神经网络。神经网络是一种运算模型，由大量的节点（或称神经元）相互连接构成。每个节点代表一种特定的输出函数，称为激励函数（activation function）。每两个节点间的连接都代表一个对于通过该连接信号的加权值，称之为权重，这相当于人工神经网络的记忆。网络的输出则依网络的连接方式、权重值和激励函数的不同而不同。而网络自身通常都是对自然界某种算法或者函数的逼近，也可能是对一种逻辑策略的表达。

人工神经网络具有四个基本特征：

（1）非线性。人工神经元处于激活或抑制两种不同的状态，这种行为在数学上表现为一种非线性关系。具有阈值的神经元构成的网络具有更好的性能，可以提高容错性和存储容量。

（2）非局限性。一个神经网络通常由多个神经元广泛连接而成。一个系统的整体行为不仅取决于单个神经元的特征，而且可能主要由单元之间的相互作用、相互连接决定。通过单元之间的大量连接模拟大脑的非局限性。联想记忆是非局限性的典型例子。

（3）非常定性。人工神经网络具有自适应、自组织、自学习能力。神经网络不但处理的信息可以有各种变化，而且在处理信息的同时，非线性动力系统本身也在不断变化，经常采用迭代过程描写动力系统的演化过程。

（4）非凸性。一个系统的演化方向，在一定条件下将取决于某个特定的状态函数。例如能量函数，它的极值相应于系统比较稳定的状态。非凸性是指这种函数有多个极值，故系统具有多个较稳定的平衡态，这将导致系统演化的多样性。

　　网络中处理单元的类型分为三类：输入单元、输出单元和隐单元。输入单元接受外部世界的信号与数据；输出单元实现系统处理结果的输出；隐单元是处在输入和输出单元之间，不能由系统外部观察的单元。神经元间的连接权值反映了单元间的连接强度，信息的表示和处理体现在网络处理单元的连接关系中。

5.1.2.2　网络模型

　　人工神经网络模型主要考虑网络连接的拓扑结构、神经元的特征、学习规则等。目前，已有近 40 种神经网络模型，其中有反传网络、感知器、自组织映射、Hopfield 网络、玻耳兹曼机、适应谐振理论等。根据连接的拓扑结构，神经网络模型可以分为：前向网络和反馈网络。前向网络为网络中各个神经元接受前一级的输入，并输出到下一级，网络中没有反馈，可以用一个有向无环路图表示。反馈网络为网络内神经元间有反馈，可以用一个无向的完备图表示。

5.1.2.3　学习类型

　　学习是神经网络研究的一个重要内容，它的适应性是通过学习实现的。根据环境的变化，对权值进行调整，改善系统的行为。由 Hebb 提出的 Hebb 学习规则为神经网络的学习算法奠定了基础。Hebb 规则认为学习过程最终发生在神经元之间的突触部位，突触的联系强度随着突触前后神经元的活动而变化。在此基础上，人们提出了各种学习规则和算法，以适应不同网络模型的需要。有效的学习算法，使得神经网络能够通过连接权值的调整，构造客观世界的内在表示，形成具有特色的信息处理方法，信息存储和处理体现在网络的连接中。

　　根据学习环境不同，神经网络的学习方式可分为监督学习和非监督学习。在监督学习中，将训练样本的数据加到网络输入端，同时将相应的期望输出与网络输出相比较，得到误差信号，以此控制权值连接强度的调整，经多次训练后收敛到一个确定的权值。当样本情况发生变化时，经学习可以修改权值以适应新的环境。使用监督学习的神经网络模型有反传网络、感知器等。非监督学习时，事先不给定标准样本，直接将网络置于环境之中，学习阶段与工作阶段成为一体。此时，学习规律的变化服从连接权值的演变方程。

5.1.2.4　应用

　　梁华等将基于神经网络的磨损趋势预测模型应用于 CB40 齿轮泵的磨损趋势预测[7]。试验在专用的寿命试验台上进行，选用的试验条件：转动速度为 2450r/min，工作液为 10 号红油，油温为 39℃，载荷谱如图 5-2 所示。对齿轮泵 5800h 寿命试验进行铁谱技术监测，取样在 CB40 泵的出口，取样间隔时间为 100h，共得到 59 个总磨损 Q 的数据。用原始序列中的 50 个数据进行训练，保留后 9 个数据与模型预测输出值进行对比。

选取的 BP 网络结构为：输出层单元数 15，1 个隐含层，该层单元数也是 15，输出层单元数为 1，训练样本数为 35。训练过程中，学习率 $G = 0.5$，动量项 $A = 0.7$，训练误差 $E = 0.0006$，迭代次数 $n = 2123$，耗时约 4min。图 5 - 3

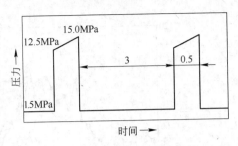

图 5 - 2 齿轮泵的载荷谱

和图 5 - 4 所示分别为 BP 神经网络预测模型的单步预测和多步预测结果与实测值的比较。可以看出，前 35 个数据的拟合误差为 24，单步预测时后 9 个数据的预测误差 $Eq = 45.7$，多步预测时后 9 个数据的预测误差 $Eq = 46.2$。由图 5 - 3 和图 5 - 4 所示还可以看出，所建立的预测模型的前 35 个输出值较好地逼近了标准序列，后 9 个预测值也与实测值吻合较好。

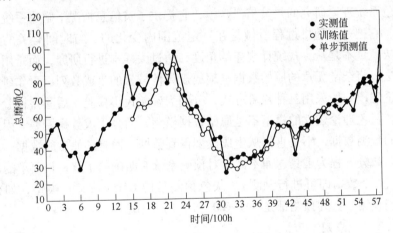

图 5 - 3 单步预测结果与实测值的比较

5.1.3 灰色理论

5.1.3.1 定义

灰色理论是由华中科技大学控制科学与工程系教授、博士生导师邓聚龙于 1982 年提出的。它是用来解决信息不完备系统的数学方法，把控制论的观点和方法延伸到复杂的大系统中，将自动控制与运筹学的数学方法相结合，用独树一帜的方法和手段，研究了广泛存在于客观世界中具有灰色性的问题。在短短的时间里，灰色系统理论有了飞速的发展，它的应用已渗透到自然科学和社会经济等许多领域，显示出这门学科的强大生命力，具有广阔的发展前景。

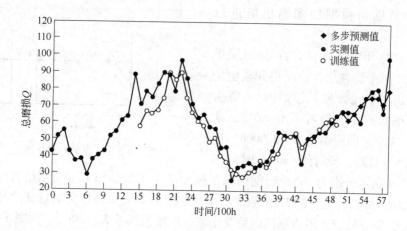

图 5 - 4　多步预测结果与实测值的比较

　　灰色系统理论研究的是贫信息建模，它提供了贫信息情况下解决系统问题的新途径。它把一切随机过程看做是在一定范围内变化的、与时间有关的灰色过程，对灰色量不是从寻找统计规律的角度，通过大样本进行研究，而是用数据生成的方法，将杂乱无章的原始数据整理成规律性较强的生成数列后再作研究。用灰色理论建模一般采用三种检验方式，分别为残差大小检验、后验差检验、关联度检验。灰色理论建立的模型不是原始数据模型，而是生成数据模型。因此，灰色理论的预测数据，不是直接从生成模型得到数据，而是还原后的数据。灰色预测理论以微分方程为工具，而不需要对预测系统有明确的了解，且要求的原始数据较少（3 个数据即可进行预测）。灰色预测常用 GM（1，1）模型，如突变预测、系统预测、数列预测都是基于 GM（1，1）模型。

5.1.3.2　应用

　　灰色预测方法已应用于机械零件的磨损寿命预测和磨损量预测。赵韩等将灰色预测模型 GM（1，1）应用于 5 台国产同型号四缸发动机上，运行距离为 $2.5 \times 10^5 km$。将气缸壁磨损最大处的磨损量作为研究对象，在相同的行驶里程间隔检测得到的磨损量上限值作为原始数据，建立灰色预测模型，对未来的气缸磨损量进行预测。试验数据见表 5 - 2。应用 GM（1，1）模型对气缸壁磨损寿命进行预测，其灰色预测结果见表 5 - 3[8]。

表 5 - 2　发动机气缸壁磨损量最大处的上限值与行驶里程的关系

行驶里程/km	5000	10000	15000	20000
磨损量上限值/mm	0.035	0.060	0.085	0.120

表 5-3 实际值与预测值比较

时间序列 k	行驶里程/km	实际磨损值/mm	预测磨损值/mm	绝对残差/mm	相对残差/%
1	5000	0.035	0.035	0	0
2	10000	0.060	0.059	0.001	-1.67
3	15000	0.085	0.083	0.002	-2.35
4	20000	0.120	0.118	0.002	-1.67

由表 5-3 可见，预测值和实际值非常接近，误差分析也显示模型精度良好。因此，可以利用响应函数式进一步预测行驶里程为 25000km 时的气缸磨损量，通过计算得到磨损量为 0.165mm，而实际上该气缸的磨损量为 0.16mm，对其进行误差分析得到：绝对残差为 0.005，相对残差为 3.125%。可以看出预测值具有很高的预测精度。

5.1.4 小波分析

5.1.4.1 定义

小波（wavelet）这一术语，顾名思义，"小波"就是小的波形。所谓"小"是指它具有衰减性；而称之为"波"则是指它的波动性，其振幅正负相间的震荡形式。小波变换的概念是由法国从事石油信号处理的工程师 J. Morlet 在 1974 年首先提出的，通过物理的直观和信号处理的实际需要经验的建立了反演公式，当时未能得到数学家的认可。1986 年著名数学家 Y. Meyer 偶然构造出一个真正的小波基，并与 S. Mallat 合作建立了构造小波基的通用方法——多分辨分析之后，小波分析才开始蓬勃发展起来，其中比利时女数学家 I. Daubechies 撰写的《小波十讲（Ten Lectures on Wavelets）》对小波的普及起了重要的推动作用。它与 Fourier 变换、窗口 Fourier 变换（Gabor 变换）相比，是一个时间和频率的局域变换，因而能有效的从信号中提取信息，通过伸缩和平移等运算功能对函数或信号进行多尺度细化分析（Multiscale Analysis），解决了 Fourier 变换不能解决的许多困难问题。从而小波变化被誉为"数学显微镜"，它是调和分析发展史上里程碑式的进展。

5.1.4.2 小波分析的特点[9]

（1）具有多分辨分析的特点。Fourier 分析只能刻画信号在整个时域上的频谱特征，窗口 Fourier 变换也只能反映信号在窗口内部分的频域特征。而小波变换采用了自适应窗口，克服了窗口傅里叶变换在单分辨率上的缺陷，具有多分辨率分析的特点，在时域和频域都有表征信号局部信息的能力，时间窗和频率窗都可以根据信号的具体形态动态调整[10]。在一般情况下，在低频部分（信号较平稳）可以采用较低的时间分辨率提高频率的分辨率，在高频情况下（频率变化不大）可以用较低的频率分辨率来换取精确的时间定位。因此，小波分析可以探测正常信号中的瞬态成分，并展示其频率成分，非常适用于局部分析。

（2）可作为函数基。连续小波变换是尺度参数 a 的伸缩和定位参数 b 的平移连续取值的子波变换。一般在实际应用中，对 a 和 b 进行离散化处理，于是所有的离散小波基可以构成一个函数族。这样的变换有离散正交小波变换和非正交离散小波变换，在满足一定条件时，该函数族可以构成 L^2 （R）（平方可积函数）的正交基或框架。正交小波基可以没有冗余地获得信号的局部信息，可以通过分解系数重构原信号。它适合应用于数据压缩、信噪分离、非线性系统辨识等领域。满足框架性质的非正交小波基由于提供了对函数的冗余表示，也能完全刻画函数，并从函数的分解中重构该函数。其优点在于数值计算稳定，计算误差的影响小，对干扰的鲁棒性好。非正交小波基常用在高维非线性函数逼近或语音分析等领域，例如 Morlet 小波等。

（3）具有快速算法。由于受计算机硬件的影响和实时性的要求，往往要求算法具有快速性。人们已提出了很多小波变换快速算法。有通用的，也有专用的，其中最著名的是 Mallat 塔式算法。一般认为，Mallat 算法在小波分析中的地位类似于 FFT 在经典傅里叶分析中的地位。另外，还有一些利用快速卷积技术和 FFT 而获得的算法。这些算法的计算复杂度一般为 O（n）或 O（nlogn）级。

（4）小波的多样性。为了解决某类问题，人们有针对性地提出了相应的小波。有关小波构造的文献有很多，并且新的小波还在不断产生。这些小波中，著名的有 Harr 小波、Daubechies 小波、symlet sA（symN）小波簇、Morlet 小波、Meyer 小波、Mexicant Hat 小波、样条小波、正交子波包、带限小波等[11]。正是小波的多样性才使小波得到广泛的应用。小波所具有的上述特点，使得小波理论成为对应用具有巨大潜力的多方面适用的工具。

5.1.4.3　应用

小波分析已形成了一套完善的理论，从连续小波到离散小波，从构造方法到快速算法，从小波框架到正交小波，都有详细的阐述。这套理论为实际应用提供了工具并指明了方向，人们利用它解决了大量实际问题。小波分析在信号处理等领域得到广泛的应用，同时也被引入到摩擦学领域。在该领域的应用大体有以下几方面[9]。

（1）小波分析用于评定表面粗糙度基准线和误差分离。表面粗糙度提取的核心技术是确定评定基准。评定基准的精确性直接影响着粗糙度参数评定的正确性，合理地确定评定基准线是粗糙度评定过程中的重要一环。陈庆虎等[11,12]选用具有正交性和有限紧支撑的 Daubechies 小波作为滤波器，通过 Shannon 小波的验算，确定合理的小波分解次数，对不同加工方法和工艺生成的二维和三维表面轮廓进行分解。有报道利用提升小波算法，通过三次样条插值计算滤波器和提升因子对表面轮廓进行滤波处理[13,14]。还有报道分别利用小波滤波器对工程表面进行分析和平稳小波变换进行降噪[15,16]。这些研究表明，小波分析评定基准线的精度高于传统基准线的精度，同时对曲面表面误差进行小波分解，也获得了很好的误差分离效果，从而证明了小波分析具有很好的滤波功能，完全适用于评定曲面基准和进行误差分离。

（2）小波分析用于表面奇异特征的提取。陈庆虎等[17]应用小波分析原理直接识别和提取三维表面特征，给出表面奇异特征的定量、微观分析和评定的小波方法，不仅能定性地宏观描述三维表面特征的存在性，而且能定量地微观分析三维特征的位置分布。石永辉等[18]通过汽缸内表面珩磨形貌的小波分解和重构，识别出了表面形貌的三维纹理特征。以上具体过程是利用小波变换的极大模包含突变特征信息的原理，先将小波变换重构，然后根据重构信号提取突变信息，即进行突变特征的小波重构，从而完成表面奇异特征的提取。Jiang X Q 等[19]利用第三代小波变换对微纳尺度表面进行特征提取，并通过一系列工程和生物工程表面进行验证。因此，研究表明小波分析可用于准确识别表面形貌的奇异特征。

（3）小波分析用于评价工程表面。利用小波分析的多分辨率特点，结合小波分析的多分辨率特点，对工程表面进行多尺度分解和评价[20~22]。胡健闻等[23]利用以上技术，选用特定的小波对粗糙表面进行多尺度分解，分别在原信号的高频和低频成分上构造纵向评定参数和横向评定参数，在一定程度上实现了表面特征的综合评定。它克服了传统评定参数多，互不独立的缺点；也避免了单一应用分形几何带来的特征提取唯一，评定结果区分度差的缺陷。李惠芬等[24]也指出了小波分析在表面功能评定应用中的滤波原理。

（4）小波分析用于计算表面轮廓的分形维数。分形维数是分形理论中的重要参数之一，通常用于计算表面轮廓分形维数的方法主要有盒子法、尺码法、差方法、协方差法、结构函数法、功率谱法以及 R/S 分析法等。这些方法在不同粗糙表面上计算所得的分形维数误差相对较大，且难以实现精度的一致性。王安良等[25~27]提出了基于小波变换的表面形貌分形维数的计算方法，通过常见分形曲线的模拟和实际加工表面分形维数的计算，并和以上分形维数计算方法进行比较，得出相对精度很高的分形维数。结果表明，小波变换方法能有效评价机械加工表面形貌的分形特征。

（5）小波分析在摩擦学研究其他领域中的应用。由于摩擦学研究涉及方向较多，因此小波变换可以发挥优势的地方也较广。例如，陈光雄等[28]利用小波变换分析了摩擦噪声的不同特征，从微观上得出了摩擦噪声和摩擦系数之间的方向性关系；陈德为等[29]应用 3 次 B 样条小波变换对摩擦牵引系统所提取的摩擦副蠕动变形信号进行了分析，实现了信号去噪和获取信号变化特征的目标。Podsiadlo P 等将分形理论和小波变换相结合，可以建立表面形貌的精确数学模型，从而为表面分析和分类等的自动操作提供了保障[30,31]；王炳成等[32]将小波包变换技术用于分形曲线的消噪，为判定机械磨损程度和磨损形态提供一条量化的检验检测思路；Lin Yuan 等[33]利用 Daubechies 小波变换研究了 TiO_2 薄膜化学处理前后的表面结构，汪渊[34]运用离散小波变换法研究了 Cu－W 薄膜表面形貌的多尺度特征，还有报道应用小波变换分解检测信号进行精确定位[35]。

5.1.5　模糊系统理论

5.1.5.1　定义

模糊系统理论是指推广通常的系统理论得到的，以模糊集合的形式表示系统所含的模糊性并能处理这些模糊性的系统理论。模糊系统理论是在美国加州大学 LA. Zadeh 教授于 1965 年创立的模糊集合理论的数学基础上发展起来的，主要包括模糊集合理论、模糊逻辑、模糊推理和模糊控制等方面的内容。

5.1.5.2　方法

模糊系统理论的基础是模糊集合理论，模糊系统理论的方法主要用于环境质量评价中，如模糊聚类法、模糊综合评判法等，它的核心是利用隶属度刻画客观事物中大量模糊的界线。在环境质量评价中，对于评价级别的归属问题，即元素与集合之间的关系，不再是笼统的经典集合论中的属于或不属于关系，而是［0，1］中间的一个数，这样能更为确切地反映实际情况。

对于战略环境评价的研究对象——战略经济环境系统，其本身就是一个模糊系统，因此模糊系统理论可以在战略分析、战略环境影响预测中应用。

5.1.5.3　应用

郁滨等利用自适应模糊系统理论对广东省某市 1995 年的实测电力负荷数据为对象进行了系统实验[36]。实验中采用 1 月和 2 月的数据建立初始模型（即未经优化的、由历史数据中经自适应学习算法得到的规则集），用 3 月已预测过的数据作为在线参数调整的学习样本，对 3 月全月的负荷作了预测。表 5－4 是其中一天的详细实验结果。实验结果表明，本系统的 STLF 精度已完全满足实用化的要求，预测准确度具有较好的鲁棒性。

表 5－4　3 月 3 日的预测结果

预测时间	实际负荷/MW	预测负荷/MW	预测误差/MW	相对误差/%
1	668.4	685.8	17.4	2.61
2	671.4	658.8	－12.6	－1.88
3	614.8	618.4	3.6	0.58
4	615.1	610.6	－4.5	－0.37
5	619.1	602.7	－16.4	－2.64

预测时间	实际负荷/MW	预测负荷/MW	预测误差/MW	相对误差/%
6	681.0	658.8	– 22.2	– 3.26
7	734.3	744.1	9.8	1.33
8	842.1	909.9	67.8	8.05
9	983.0	980.6	– 2.4	– 0.24
10	1027.7	1012.2	– 15.5	– 1.51
11	1047.4	1030.6	– 16.8	– 1.60
12	961.4	967.4	5.0	0.62
13	899.5	881.4	– 18.1	– 2.01
14	960.4	956.8	– 3.6	– 0.38
15	988.7	971.7	– 17.0	– 1.72
16	960.6	954.7	– 5.9	– 0.61
17	1001.8	1017.9	16.1	1.60
18	1095.8	1099.9	4.1	0.37
19	1139.4	1129.8	– 9.6	– 0.84
20	1158.0	1137.1	– 21.0	– 1.81
21	1094.8	1090.8	– 4.0	– 0.36
22	1020.0	1023.0	3.0	0.29
23	900.0	898.6	– 2.0	– 0.23
24	831.4	825.3	– 6.1	– 0.73
日均	896.53	891.68	12.72	1.5005

5.2　采油螺杆泵转速优化模型的构建与预测

　　通过在第 4 章对采油螺杆泵转速影响因素的综合分析，可以看出，诸多因素制约着螺杆泵的转速。结合实际工况参数的实时监控能力及实验室平台参数测控的实现能力，选取井下温度、原油黏度、泵端压差及定转子间的磨损间隙为螺杆泵转速的主要影响因素。本书构建螺杆泵转速优化的模型采用人工神经网络，把上述影响因素作为输入向量，最优转速作为输出向量。

　　选取辽河油田某试验场螺杆泵采油系统在 1 个月内的监测数据为样本，共获得 120 组数据，表 5 – 5 给出了部分原始数据。前 110 组数据用于人工神经网络模型的学习和训练，后 10 组数据用于与神经网络预测值的分析比较，判断神经网络模型的正确与否。

表 5 - 5　螺杆泵最优转速及其影响因素部分原始数据

序号	温度/℃	原油黏度/MPa·s	泵端压差/MPa	磨损间隙/mm	实测转速/r·min⁻¹
1	42.3	547	6.0	0.035	359
2	42.5	542	6.1	0.042	362
3	42.7	537	6.2	0.050	360
4	43.0	532	6.3	0.058	360
5	43.2	526	6.4	0.065	358
6	43.5	520	6.5	0.073	359
7	43.7	515	6.6	0.079	361
8	44.0	510	6.7	0.082	355
9	44.2	505	6.8	0.086	359
10	44.4	500	6.9	0.09	364

5.2.1　BP 神经网络建模与预测

　　BP 神经网络是一种按照误差反向传播（Error Back Propagation）算法训练的多层前馈网络，是目前应用最广泛的神经网络模型之一。BP 网络能学习和存贮大量的输入 – 输出模式映射关系，且不必描述反映这种映射关系的数学方程。它的学习规则是使用最速下降法，通过反向传播来不断调整网络的权值和阈值，使网络的误差平方和最小[37~41]。

5.2.1.1　BP 神经网络结构

　　BP 神经网络是一种具有三层或三层以上结构的神经网络，包括输入层、中间层（隐层）和输出层，其结构如图 5 – 5 所示。其中，x 表示 n 维输入向量，y 表示 m 维输出向量。网络中上下层之间实现全连接，而每层神经元之间无连接。当一对学习样本提供给网络后，神经元的激活值从输入层经各中间层向输出层传播，在输出层的各神经元获得网络的输入响应。按照减少目标输出与实际误差的方向，从输出层经过各中间层逐层修正各连接权值，最后返回到输入层。

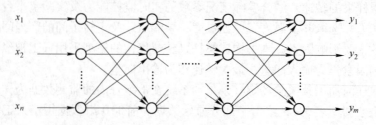

图 5 – 5　BP 神经网络结构示意图

5.2.1.2 BP 神经网络学习算法

BP 神经网络学习算法是导师监督式的误差反向传播算法。学习的目的是用网络的实际输出和目标输出之间的误差来修改网络的权值和阈值，使网络输出层的误差平方和达到最小。学习算法由正向传播和反向传播组成。在正向传播中，输入信号由输入层经隐含层传向输出层，当输出层得到了期望的输出，学习算法结束；否则，转至反向传播。反向传播是在相对于误差斜率下降的方向上计算权值和阈值的变化，并以反向传播方式传递到各层，修改各层网络的权值和阈值，直至网络的输出与期望值的误差在给定的精度范围内。

BP 神经网络的学习算法采用梯度下降法对网络权值和阈值进行修正，而且沿着传递函数下降最快的方向。传递函数又称为激活函数，是连续可微的。几种常用的传递函数（见图 5-6）介绍如下：

（1）S 型的对数函数 logsig：

$$S(x) = 1/(1 + e^{-x}) \tag{5-1}$$

（2）双曲正切 S 型函数 tansig：

$$S(x) = (1 - e^{-x})/(1 + e^{-x}) \tag{5-2}$$

（3）线性函数 purelin：

$$S(x) = x \tag{5-3}$$

根据上述 BP 神经网络的学习算法，可以确定网络的权值和阈值以及输入向

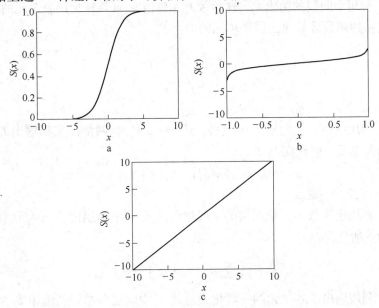

图 5-6 几种激活函数

a—logsig 函数；b—tansig 函数；c—purelin 函数

量和输出向量的映射关系。BP 神经网络学习算法的步骤可归纳为：

在步骤开始之前，首先设置参数：网络的输入向量为 $P_k = (a_1, a_2, \cdots, a_n)$；目标向量为 $T_k = (y_1, y_2, \cdots, y_q)$；中间层单元输入向量 $S_k = (s_1, s_2, \cdots, s_p)$，输出向量 $B_k = (b_1, b_2, \cdots, b_p)$；输出层单元输入向量 $L_k = (l_1, l_2, \cdots, l_q)$，输出向量 $C_k = (c_1, c_2, \cdots, c_q)$；输入层值中间层的连接权 w_{ij}（$i = 1, 2, \cdots, n; j = 1, 2, \cdots, p$）；中间层值输出层的连接权 v_{jt}（$j = 1, 2, \cdots, p; t = 1, 2, \cdots, p$）；中间层各单元的输出阈值 θ_j（$j = 1, 2, \cdots, p$）；输出层各单元的输出阈值 γ_t（$t = 1, 2, \cdots, p$）；参数 $k = 1, 2, \cdots, m$。

（1）初始化。给每个连接权值 w_{ij}、v_{jt}、阈值 θ_j 与 γ_t 赋予区间（$-1, 1$）内的随机值。

（2）随机选取一组输入和目标样本 $P_k = (a_1^k, a_2^k, \cdots, a_n^k)$、$T_k = (y_1^k, y_2^k, \cdots, y_q^k)$ 提供给网络。

（3）用输入样本 $P_k = (a_1^k, a_2^k, \cdots, a_n^k)$、连接权 w_{ij} 和阈值 θ_j 计算中间层各单元的输入 s_j，然后用 s_j 通过传递函数计算中间层各单元的输出 b_j。

$$s_j = \sum_{i=1}^{n} w_{ij}a_i - \theta_j \tag{5-4}$$

$$b_j = f(s_j) \tag{5-5}$$

式中，$j = 1, 2, \cdots, p$。

（4）利用中间层的输出 b_j、连接权 v_{jt} 和阈值 γ_t 计算输出层各单元的输出 L_t，然后通过传递函数计算输出层各单元的响应 C_t。

$$L_t = \sum_{j=1}^{p} v_{jt}b_j - \gamma_t \tag{5-6}$$

$$C_t = f(L_t) \tag{5-7}$$

式中，$t = 1, 2, \cdots, q$。

（5）利用网络目标向量 $T_k = (y_1^k, y_2^k, \cdots, y_q^k)$，网络的实际输出 C_t，计算输出层的各单元一般化误差 d_t^k。

$$d_t^k = (y_t^k - C_t) \cdot C_t(1 - C_t) \tag{5-8}$$

式中，$t = 1, 2, \cdots, q$。

（6）利用连接权 v_{jt}、输出层的一般化误差 d_t 和中间层的输出 b_j 计算中间层各单元的一般化误差 e_j^k。

$$e_j^k = \left(\sum_{t=1}^{q} d_t \cdot v_{jt} \right) b_j(1 - b_j) \tag{5-9}$$

（7）利用输出层各单元的一般化误差 d_t^k 与中间层各单元的输出 b_j 来修正连接权 v_{jt} 和阈值 γ_t。

$$v_{jt}(N+1) = v_{jt}(N) + \alpha \cdot d_t^k \cdot b_j \tag{5-10}$$

$$\gamma_t(N+1) = \gamma_t(N) + \alpha \cdot d_t^k \tag{5-11}$$

式中，$t=1,2,\cdots,q$；$j=1,2,\cdots,p$；$0<\alpha<1$。

（8）利用中间层各单元的一般化误差 e_j^k，输入层各单元的输入 $P_k=(a_1,a_2,\cdots,a_n)$ 来修正连接权 w_{ij} 和阈值 θ_j。

$$w_{ij}(N+1) = w_{ij}(N) + \beta e_j^k a_i^k \tag{5-12}$$

$$\theta_j(N+1) = \theta_j(N) + \beta e_j^k \tag{5-13}$$

式中，$i=1,2,\cdots,n$；$j=1,2,\cdots,p$；$0<\beta<1$。

（9）随机选取下一个学习样本向量提供给网络，返回到步骤（3），直到 m 个训练样本训练完毕。

（10）重新从 m 个学习样本中随机选取一组输入和目标样本，返回到步骤（3），直到网络全局误差 E 小于预先设定的极小值，即实现网络收敛。如果学习次数大于预先设定的值，网络就无法收敛。

（11）学习结束。

从上述学习步骤中可以看出，步骤（7）~步骤（8）为网络误差的"反向传播"过程，步骤（9）~步骤（10）则用于完成训练和收敛过程。

5.2.1.3 BP 神经网络模型建立与训练

在隐含层神经元个数可调的前提下，单隐层的 BP 网络可以逼近任意的非线性映射，因此采用单隐层的 BP 网络进行转速优化。为使实验结果更切合实际，隐含层神经元个数是通过试错法（即通过试验选择模型优化效果最好时的隐含层数目）得到。经过反复试算，隐含层节点数选为 11，BP 神经网络模型选为 4-11-1 的结构。

采用 Matlab 软件中的神经网络工具箱相关函数进行编程求解，利用 newff 函数建立 BP 网络，选择训练函数为 trainlm，即 Levenberg-Marquardt 训练函数。学习函数为 learngdm，梯度下降动量学习函数。性能函数为 mse，均方误差性能函数。隐含层的传递函数为 tansig，S型的正切函数。输出层的传递函数为 purelin，纯线性函数。最大训练次数为 1000，训练目标为 10^{-3}，学习速率为 0.01，训练步数为 20。至此，所应用的 BP 神经网络模型构建完毕。

选取部分样本数据作为学习样本，在 Matlab 环境下对 BP 神经网络进行训练，其误差平方和 SSE（Sum of Squared Error）的变化情况如图 5-7 所示。从图 5-7 中可以看出，

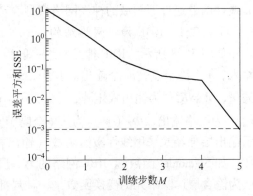

图 5-7 BP 神经网络模型训练过程

采用样本数据对 BP 神经网络进行训练时，当训练步数为 5 次后即达到误差精度。

5.2.1.4 BP 神经网络模型预测

选取部分样本数据作为测试样本，对 BP 神经网络模型进行对比验证，螺杆泵转速优化结果与实测结果的部分数据如表 5 - 6 所示。从表 5 - 6 可以看出，所构建的 BP 神经网络模型相对误差比较低，精度较高，具有一定的可靠性。

表 5 - 6 转速优化结果的部分数据

序号	实测转速/r·min⁻¹	模型优化转速/r·min⁻¹	相对误差/%
1	355	358.1	0.87
2	355	358	0.85
3	357	357.8	0.22
4	360	358.1	− 0.53
5	361	358.1	− 0.8
6	363	358.1	− 1.35
7	365	358.3	− 1.84
8	363	358.6	− 1.21
9	363	358.9	− 1.13
10	362	358.9	− 0.86

5.2.2 RBF 神经网络建模与预测

径向基函数（Radical Basis Function，简称 RBF）神经网络，是一种新颖而有效的前馈式神经网络。它具有其他前向网络所不具有的最佳逼近性能和全局最优特性，结构简单，训练速度快。同时，它也是一种可以广泛应用于模式识别、非线性函数逼近等领域的神经网络模型[42~45]。

5.2.2.1 RBF 神经网络结构

如图 5 - 8 所示，RBF 神经网络一般为 $n - h - m$ 三层结构，即网络具有 n 个输入，h 个隐节点，m 个输出。其中，$x = (x_1, x_2, \cdots, x_n)^T \in R^n$ 为网络输入矢量，$W \in R^{h \times m}$ 为输出权矩阵，$(b_0, \cdots, b_m)$ 为输出单元偏移，$y = [y_1, \cdots, y_m]^T$ 为网络输出，$\Phi_i(*)$ 为第 i 个隐节点的激活函数。输出层节点中的 Σ 表示输出层神经元采用线性激活函数（输出神经元也可以采用其他非线性激活函数，如 Sigmoidal 函数）。RBF 网络的第一层为输入层，由信号源节点组成；第二层为隐含层，隐单元的变换函数是一种局部分布的非负非线性函数，它对中心点径向对称且衰减，隐含层的单元数由所描述问题的需要确定；第三层为输出层，

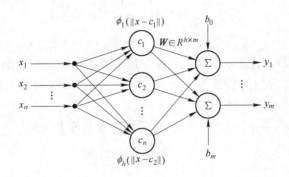

图 5-8 RBF 神经网络结构示意图

它对输入信号做出响应。

RBF 网络结构的特点是当网络的中心点确定后，就可以确定输入向量与隐含层单元的映射关系。隐含层单元与输出向量之间是线性关系，即网络的输出是隐含层单元的线性加权和，且此处的权为可调参数。输入向量与输出向量之间的映射关系是非线性的，而网络输出对权来说为线性。因此，RBF 网络的权可通过线性方程直接求解，使收敛速度加快且避免陷入局部最小值。

5.2.2.2 RBF 神经网络学习算法及步骤

RBF 神经网络学习过程的本质是利用径向基函数作为隐含层单元的"基"，构成隐含层空间，把输入向量不需要通过权连接而直接映射到隐含层空间。而 RBF 神经网络的学习算法根据径向基函数中心选取的方法不同有多种学习算法，如随机选取中心法、自组织选取中心法、有监督选取中心法和正交最小二乘法等。

本书采用自组织选取中心的 RBF 神经网络学习算法。此方法由两个阶段组成：一是自组织学习阶段，此阶段为无导师学习过程，求解隐含层基函数的中心与方差；二是有导师学习阶段，此阶段求解隐含层到输出层之间的权值。因此，RBF 神经网络学习算法需要求解的参数有 3 个：基函数的中心、方差以及隐含层到输出层的权值。

RBF 神经网络中常用的径向基函数是高斯函数，因此径向基神经网络的激活函数可表示为

$$R(x_p - c_i) = \exp\left(-\frac{1}{2\sigma^2}\|x_p - c_i\|^2\right) \tag{5-14}$$

式中，$\|x_p - c_i\|$ 为欧氏范数；c 为高斯函数的中心；σ 为高斯函数的方差。

由图 5-8 的 RBF 神经网络结构可得到网络的输出为

$$y_j = \sum_{i=1}^{h} w_{ij} \exp\left(-\frac{1}{2\sigma^2}\|x_p - c_i\|^2\right) \tag{5-15}$$

式中，$j = 1, 2, \cdots, n$；x_p 为第 p 个输入样本，$x_p = (x_1^p, x_2^p, \cdots, x_m^p)^{\mathrm{T}}$，$p = 1$，$2, \cdots, P$，$P$ 为样本总数；c_i 为网络隐含层节点的中心；w_{ij} 为隐含层到输出层的连接权值；i 为隐含层的节点数，$i = 1, 2, \cdots, h$；y_j 为与输入样本对应的网络的第 j 个输出节点的实际输出。

设 d 是样本的期望输出值，那么基函数的方差可表示为

$$\sigma = \frac{1}{P} \sum_{j}^{m} \|d_j - y_j c_i\|^2 \tag{5-16}$$

RBF 神经网络学习算法的具体步骤为：

（1）基于 K - 均值聚类方法求取基函数中心 c。

步骤 1 网络初始化：随机选取 h 个训练样本作为聚类中心 c_i（$i = 1, 2$，$\cdots, h$）。

步骤 2 将输入的训练样本按最近邻规则分组：按照 x_p 与中心为 c_i 之间的欧氏距离将 x_p 分配到输入样本的各个聚类集合 ϑ_p（$p = 1, 2, \cdots, P$）中。

步骤 3 重新调整聚类中心：计算各个聚类集合 ϑ_p 中训练样本的平均值，即新的聚类中心 c_i，如果新的聚类中心不再发生变化，则所得到的 c_i 即为 RBF 神经网络最终的基函数中心，否则返回步骤 2，进入下一轮的中心求解。

（2）求解方差 σ_i。

RBF 神经网络的基函数为高斯函数，因此方差 σ_i 可由下式求解：

$$\sigma_i = \frac{c_{\max}}{\sqrt{2h}} \tag{5-17}$$

式中，$i = 1, 2, \cdots, h$；$c_{\max}$ 为所选取中心之间的最大距离。

（3）计算隐含层和输出层之间的权值。

隐含层至输出层之间神经元的连接权值可以用最小二乘法直接计算得到，计算公式为：

$$w = \exp\left(\frac{h}{c_{\max}^2}\|x_p - c_i\|^2\right) \tag{5-18}$$

式中，$p = 1, 2, \cdots, P$；$i = 1, 2, \cdots, h$。

至此，RBF 神经网络的学习过程结束。从上述学习过程来看，RBF 网络的学习避免了 BP 网络学习的迭代计算，学习针对性强且速度明显加快。

5.2.2.3 RBF 神经网络模型建立与训练

RBF 神经网络模型建立的关键问题是隐含层神经元个数的确定。一般来说，RBF 网络隐含层神经元的个数应该与输入向量的个数相对应。与 BP 神经网络类似，RBF 神经网络隐含层单元数也可以通过试算法来确定。

将 RBF 网络的输入向量直接映射到隐含层作为基函数的中心。隐含层到输出层的映射是线性的，可通过线性方程组求解。因此，可以采用 Matlab 软件神经网络工具箱中的 newrbe 函数设计 RBF 神经网络。它的调用格式为：$net = newrbe$ $(P, T, SPREAD)$，其中 P 和 T 分别为输入向量和输出向量，$SPREAD$ 为径向基函数的扩展速度，默认为 1。径向基函数的扩展速度 $SPREAD$ 越大，函数的拟合就越平滑。在网络设计过程中，需要对不同的 $SPREAD$ 值进行尝试，以确定最优值。

在 RBF 神经网络模型中，以螺杆泵采油系统实际生产中实验测量的数据为样本（如表 5 – 5 所示），输入层的神经元个数取 4，输出层的神经元个数取 1。经过不断地尝试，并按 min（mse）搜索最优解确定网络的最佳训练参数为 $GOAL = 0.001$、$SPREAD = 1.5$。

由于 RBF 网络的权值在学习过程中不需要调整，无法做出训练步数与训练误差的关系曲线。

5.2.2.4 RBF 神经网络模型预测

RBF 神经网络模型的转速优化结果的部分数据如表 5 – 7 所示。通过相对误差可以看出，RBF 神经网络模型的优化精度较高，实测值与优化值平均相对误差仅为 0.28%，说明该网络对螺杆泵转速的拟合精度较高。

表 5 – 7 转速优化结果的部分数据

序号	实测最优转速/r·min⁻¹	模型优化转速/r·min⁻¹	相对误差/%
1	355	354.8	– 0.056
2	355	356.4	0.39
3	357	356.8	– 0.056
4	360	360.1	0.028
5	361	359.8	– 0.33
6	363	364.3	0.36
7	365	363.4	– 0.44
8	363	363.1	0.028
9	363	363.1	0.028
10	362	362.5	0.14

5.2.3 Elman 神经网络建模与预测

Elman 神经网络是一种反馈型网络，该网络在前馈网络的基础上增加一个承接层，通过存储内部状态使其具备映射动态特征的功能，从而使系统具有适应时变特性的能力。它的特点是隐含层的输出通过结构单元的延迟、存储自联到隐含层的输入，使样本数据具有敏感性。同时内部反馈增加了处理动态信息的能力，有利于动态过程的建模[46~49]。

5.2.3.1 Elman 神经网络结构

Elman 神经网络可以看做是一个具有局部记忆单元和局部反馈连接的前向网络，具有与其他多层前向网络相似的结构。它的主要结构包括输入层、中间层（隐含层）、承接层和输出层，如图 5 - 9 所示。其中，y，x，u，x_c 分别表示 m 维输出节点向量，n 维中间层节点单元向量，r 维输入向量和 n 维反馈状态向量。w^3，w^2，w^1 分别表示中间层到输出层、输入层到中间层、承接层到中间层的连接权值。

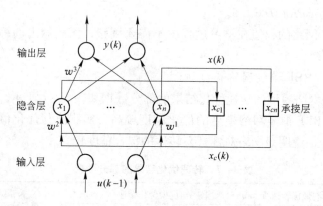

图 5 - 9 Elman 神经网络结构示意图

Elman 神经网络的输入层、隐含层和输出层之间的连接类似于前馈网络，输入层的单元仅起信号传输作用，输出层单元起线性加权作用，而隐含层单元起传递作用，其传递函数可采用线性或非线性函数。除了普通的隐含层外，还有一个承接层又称为上下文层或状态层，该层从隐含层接收反馈信号，且每一个隐含层节点都有一个与之对应的承接层节点连接。承接层的作用是通过连接记忆将上一个时刻的隐含层状态连同当前时刻的网络输入一起作为隐含层节点的输入，相当于状态反馈，增加了网络处理动态信息的能力。

5.2.3.2 Elman 神经网络学习算法及步骤

Elman 神经网络的学习算法与 BP 神经网络的学习算法类似，采用的是优化的梯度下降算法，即动量及自适应学习速率的梯度下降算法。这样既能提高网络的学习速率，又能避免网络陷入局部最小值。Elman 神经网络的学习过程本质是利用实际输出值与样本输出值的差值来修改权值和阈值，最终确保网络输出层的误差平方和达到最小。

以图 5 - 9 所示的 Elman 神经网络结构图为例，设定 Elman 网络的非线性状态空间表达式为：

$$y(k) = g[w^3 x(k)] \tag{5-19}$$

$$x(k) = f\{w^1 x_c(k) + w^2[u(k-1)]\} \tag{5-20}$$

$$x_c(k) = x(k-1) \tag{5-21}$$

式中，k 表示时刻；输入向量 u 为 r 维向量；输出向量 y 为 m 维向量；隐含层输出向量 x 为 n 向量；承接层输出向量 x_c 为 n 维反馈向量；w^3 为隐含层到输出层的权值；w^2 为输入层到隐含层的权值；w^1 为承接层到隐含层的权值；$g(\cdot)$ 为输出神经元的激活函数，是隐含层输出的线性组合；$f(\cdot)$ 为隐含层神经元的激活函数。

同时，Elman 网络的权值也采用 BP 网络算法，目标函数采用误差平方和函数：

$$E(w) = \sum_{k=1}^{n} [y_k(w) - \tilde{y}_k(w)]^2 \tag{5-22}$$

式中，$\tilde{y}_k(w)$ 为目标输出向量。

Elman 神经网络学习算法的步骤可以用流程图表示，如图 5 - 10 所示。

5.2.3.3 Elman 神经网络模型建立与训练

Elman 神经网络优化模型具体构建内容如下：

（1）输入层和输出层神经元的确定。由于螺杆泵采油系统转速的主要影响因素为 4 个，所以网络输入层的神经元个数为 4 个；螺杆泵转速作为输出，则输出层神经元个数为 1。

（2）隐含层神经元个数的确定。为了对比 Elman 神经网络和 BP 神经网络优化的准确性，Elman 神经网络同样选择单隐层的神经网络结构。经过反复试算，隐含层神经元的个数确定为 15。

（3）训练参数的设置。应用

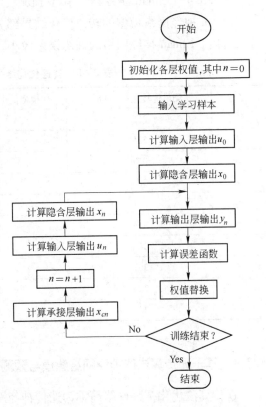

图 5 - 10 Elman 神经网络学习算法流程图

Matlab 软件中的 newelm 函数生成一个 Elman 递归网络，确定神经网络模型结构为 4 - 15 - 1。选择训练函数为 traingdx，动量及自适应的梯度递减训练函数，该函数在梯度下降 BP 算法的基础上，对学习速率自适应调整，从而提高网络的训练效率。输出层的传递函数为 purelin，线性传递函数。其他训练参数与 BP 神经网络相同。

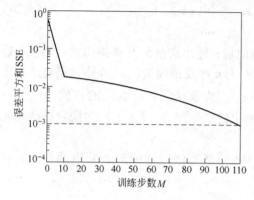

图 5 - 11 Elman 神经网络模型训练过程

Elman 神经网络模型在训练过程中的误差平方和 SSE 的变化情况如图 5 - 11 所示。从图 5 - 11 中可以看出，Elman 神经网络训练到 110 次后收敛到目标精度，则训练过程停止。同 BP 神经网络和 RBF 神经网络的训练速度相比，Elman 神经网络的训练速度稍慢。

5.2.3.4 Elman 神经网络模型预测

Elman 神经网络模型的转速优化结果部分数据如表 5 - 8 所示。从表 5 - 8 中可以看出，Elman 神经网络的训练误差较小，满足收敛精度的要求。

表 5 - 8 转速优化结果的部分数据

序号	实测最优转速/r·min⁻¹	模型优化转速/r·min⁻¹	相对误差/%
1	355	359.4	1.24
2	355	358.9	1.1
3	357	358	0.28
4	360	358.7	- 0.36
5	361	358.2	- 0.78
6	363	358.2	- 1.32
7	365	358.4	- 1.81
8	363	359	- 1.1
9	363	358.8	- 1.16
10	362	358	- 1.1

5.2.4 基于遗传算法的神经网络建模与预测

遗传算法优化神经网络简称为遗传神经网络，它主要利用遗传算法的全局搜索特性对 BP 神经网络初始的权值和阈值进行快速搜索，满足目标要求后，再利用 BP 神经网络的学习算法进行局部搜索，直到满足收敛条件。遗传算法是使用逐次迭代法搜索寻优，以全局并行搜索方法进行搜索，这种群体搜索使遗传算法得以突破邻域搜索的限制，可以实现整个解空间上的分布式信息采集和探索，能找到满足要求的最优个体，具有全局搜索能力。因此，将遗传算法与 BP 神经网络相结合，能够达到全局寻找和快速高效的目的，同时可以避免出现局部极小值的问题[50,51]。

5.2.4.1 遗传算法工作原理及学习步骤

遗传算法（Genetic Algorithm）是模拟达尔文生物进化论的自然选择和遗传学机理生物进化过程的计算模型，是一种通过模拟自然进化过程搜索最优解的方法。遗传算法的主要特点是直接对结构对象进行操作，不存在求导和函数连续性的限定；具有内在的隐并行性和更好的全局寻优能力；采用概率化的寻优方法，能自动获取和指导优化的搜索空间，自适应地调整搜索方向，不需要确定的规则[52]。

遗传算法的工作原理是：首先将问题求解表示成基因型（如常用的二进制编码串），从中选取适应环境的个体，淘汰不好的个体，把保留下来的个体复制再生，通过交叉、变异等遗传算子产生一新染色体群。依据各种收敛条件，从新老群体中选出适应环境的个体，一代一代不断进步，最后收敛到适应环境个体上，求得问题最优解。

遗传算法的学习步骤为：

（1）随机产生一定数目的初始个体（染色体）。这些随机产生的染色体组成一个种群，种群中的染色体数目称为种群的规模或大小（pop – size）。

（2）用评价函数来评价每个染色体的优劣。染色体对环境的适应程度（称为适应度）的好坏可以作为以后遗传操作的依据。

（3）基于适应值的选择策略。从当前种群中选取一定的染色体作为新一代的染色体，染色体的适应度越高，其被选择的机会越大。

（4）对这个新生成的种群进行交叉（交配）操作、变异操作。变异操作的目的使种群中的个体具有多样性，防止陷入局部最优解，这样产生的染色体群（种群）称为后代。

（5）判断是否达到预定的迭代次数，是则结束，否则返回步骤（2）进入下一轮迭代操作。

遗传算法的流程图如图 5 – 12 所示。

5.2.4.2 遗传算法优化神经网络的学习步骤

遗传算法优化神经网络的方法主要分为两种：

（1）辅助式优化方法，即把遗传算法用于神经网络的训练，充分利用遗传算法全局搜索的特性，得到一个初始的权值矩阵和初始的阈值向量，再用其他神

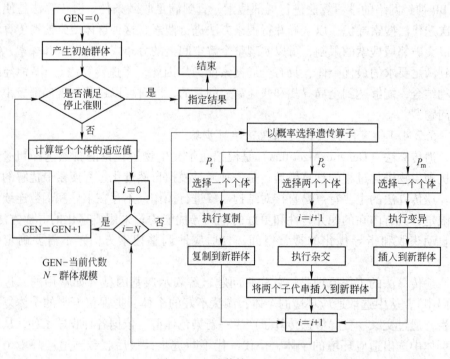

图 5 – 12　遗传算法流程图

经网络（例如 BP 神经网络）进行求解。这种方法虽然简单明确，但是当网络的规模较大时，由于神经元数目和连接权重系数的大量增加，容易造成遗传算法搜索的空间急剧增大。

（2）嵌入式优化方法，即把训练好的神经网络作为"黑箱"函数，用遗传算法搜索该"黑箱"函数的最大值，同时优化网络的结构、学习规则和相关参数。这种方法将未经训练的神经网络的结构和学习规则直接编码成码串表示的个体，所以遗传算法搜索的空间相对较小。相对于第一种方法而言，它的不足之处是每个码串表示的个体必须反编码未经训练的神经网络，然后再进行神经网络训练来确定连接权重系数。

本书采用第一种方法对 BP 神经网络进行优化，采用遗传算法对 BP 神经网络的初始权值和阈值进行编码，经过选择、交叉、变异等操作后，再进行全局搜索；将搜索范围缩小后，利用 BP 神经网络进行精确求解，这样既可以加快其收敛速度，又可以避免陷入局部最小值。

遗传算法优化 BP 神经网络权值的步骤为：

（1）初始化种群 P，包括交叉规模、交叉概率 P_c、突变概率 P_m 以及对任一 ω_{ih} 和 ω_{ho} 初始化；在编码中，采用实数进行编码，初始种群取 n（视实际应用选择数值大小）。

（2）计算每一个个体评价函数，并将其排序，可按下式概率值选择网络个体：

$$p_i = \frac{f}{\sum\limits_{i=1}^{N} f_i} \qquad (5-23)$$

式中，f_i 为个体 i 的适配值，可用误差平方和 E 来衡量，即

$$f_i = \frac{1}{E(i)} \qquad (5-24)$$

$$E(i) = \sum_{k=1}^{m} \sum_{o=1}^{q} (d_0 - yo_o)^2 \qquad (5-25)$$

式中，i 为染色体数，$i = 1, 2, \cdots, n$；o 为输出层结点数，$o = 1, 2, \cdots, q$；k 为学习样本数，$k = 1, 2, \cdots, m$；yo 为网络的实际输出；d_0 为网络的期望输出。

（3）以交叉概率 P_c 对个体 G_i 和 G_{i+1} 进行交叉操作，产生新个体 G_i' 和 G_{i+1}'，没有进行交叉操作的个体直接进行复制。

（4）利用变异概率 P_m 突变产生 G_j 的新个体 G_j'。

（5）将新个体插入到种群 P 中，并计算新个体的评价函数。

（6）判断算法是否结束。如果找到了满意的个体，则结束，否则转到步骤（3）进入下一轮运算。

若达到预先设定的性能指标，将最终群体中的最优个体解码，即可得到优化后的网络连接权值系数。

遗传算法优化神经网络的实现流程如图 5-13 所示。

5.2.4.3 遗传算法优化神经网络模型建立与训练

遗传算法优化神经网络模型的建立分为两个部分：一个部分是遗传算法模型的建立；另一部分是神经网络模型（BP 神经网络模型）的建立。遗传算法优化神经网络模型中的神经网络训练部分与 BP 神经网络的训练过程完全相同，其训练样本、模型结构及训练参数设置与 BP 神经网络模型一致。经过反复试验，遗传算法优化神经网络模型的操作参数确定为：权重初始化空间为 [-1, 1]，种群规模为 50，最大进化代数为 100，选择率为 0.09，交叉率为 0.6，变异率为 0.05。图 5-14 为遗传算法优化 BP 神经网络训练过程的误差平方和 SSE 的变化情况。从图 5-14 中可以看出，遗传算法优化 BP 神经网络模型相比较 BP 神经网络模型的训练过程而言，其收敛速度相差不大，同样可快速收敛到预定的目标精度。

5.2.4.4 遗传算法优化神经网络模型预测

遗传算法优化 BP 神经网络模型的转速优化结果的部分数据如表 5-9 所示。

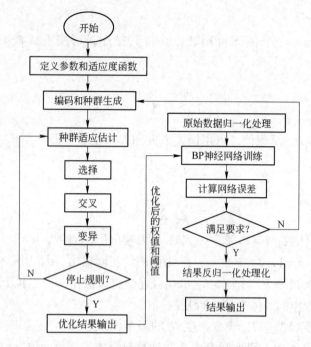

图 5 – 13 遗传算法优化神经网络流程图

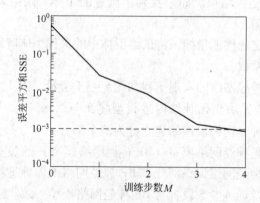

图 5 – 14 遗传算法优化 BP 神经网络模型训练过程

遗传算法优化 BP 神经网络模型的误差平均值控制在 5% 以内，因此可以用作优化螺杆泵采油系统的转速。

表 5 – 9 转速优化结果的部分数据

序号	实测最优转速/r·min⁻¹	模型优化转速/r·min⁻¹	相对误差/%
1	355	361.4	1.8
2	355	361.4	1.8

序号	实测最优转速/r·min⁻¹	模型优化转速/r·min⁻¹	相对误差/%
3	357	361.3	1.2
4	360	361.3	0.36
5	361	361.3	0.08
6	363	361.2	- 0.5
7	365	361.2	- 1.04
8	363	361.2	- 0.5
9	363	361.2	- 0.5
10	362	361.2	- 0.22

5.2.5 基于四种人工神经网络的螺杆泵转速优化效果比较分析

本章上述几节分别介绍了 BP 神经网络、RBF 神经网络、Elman 神经网络和遗传神经网络（简称 GA - BP 神经网络）在螺杆泵转速优化中的应用，并且得到了相应的优化结果。下面从网络误差和网络复杂度两个方面对四种人工神经网络螺杆泵转速优化结果进行比较。

5.2.5.1 神经网络误差

神经网络的误差是评价网络性能的重要指标，通常用相对误差来表示，计算公式为：

$$\xi = \frac{|n_{实测} - n_{优化}|}{n_{实测}} \times 100\% \qquad (5-26)$$

式中，ξ 为相对误差；$n_{实测}$ 为螺杆泵转速的实测值；$n_{优化}$ 为螺杆泵转速的优化值。

分别采用四种神经网络的转速优化结果进行误差分析，就会得到螺杆泵转速优化的平均相对误差比较结果，如表 5 - 10 所示。其中，表 5 - 10 中的平均相对误差是将该组中的螺杆泵转速优化结果的相对误差相加求平均值而得到的。

表 5 - 10　螺杆泵转速优化相对误差比较

神经网络	平均相对误差/%
BP	0.97
RBF	0.19
Elman	1.03
GA - BP	0.8

从表 5 - 10 中可以看出，四种神经网络对螺杆泵转速优化的平均相对误差是比较小的，这是因为训练样本数据中转速变化不大的原因。此外，从四种神经网

络对螺杆泵转速优化的效果来看，其顺序为：Elman 网络＜BP 网络＜遗传神经网络＜RBF 网络。这是因为，Elman 网络是一种反馈型神经网络，它在 BP 网络基本结构的基础上增加了层间或层内的反馈连接，导致输入与输出之间在时间上的延迟，从而减缓了网络的收敛速度，降低了训练误差。这与一般情况下 Elman 网络优于 BP 网络结论矛盾，其主要原因在于样本数据中转速值之间的差距不大，造成预处理后各分量间的相关性变小，Elman 网络特点无法体现。由于 BP 网络在函数逼近时采用梯度下降法对权值和阈值进行调整，本身存在收敛速度慢和容易陷入局部最小的缺点，会造成训练效果不理想。遗传神经网络虽然优化了权值和阈值并提高了收敛速度和精度，但由于同样采用 BP 神经网络的梯度下降法对函数逼近，所以网络优化的效果变化不明显。而 RBF 神经网络能够利用已知数据对非线性函数做最佳逼近且不会产生局部最小。虽然 RBF 神经网络的参数包括隐含层节点的中心值和宽度需要通过经验和试算法来确定，但是经过反复尝试其优化效果是最优的。因此，在四种神经网络中，RBF 网络的训练时间最短、训练效果最好且平均相对误差最小。

5.2.5.2　神经网络的复杂度

神经网络算法的复杂度在一定程度上影响其在硬件资源上的实现。为减少硬件资源的占用并达到商品化的目标，应尽量降低网络的复杂度。在实现相同功能的情况下，神经网络复杂度评价是通过隐含层节点的数量和算法实现的难易程度来判断的。在前面的螺杆泵转速优化中，四种网络的隐含层节点数量为：BP：11，RBF：11，Elman：15，GA - BP：9。从前面几节对四种神经网络算法的介绍来看，BP 神经网络有隐含层的激活函数，其他方面如网络的权值学习和网络计算都比较简单，易于硬件实现；RBF 神经网络与 BP 网络类似，虽然激活函数有所不同，但权值的调整也比较简单，易于硬件实现；Elman 神经网络虽然增加了一个承接层，具备反馈的功能，但总体上与 BP 网络相同，易于硬件实现；GA - BP 神经网络比其他三种网络的结构都复杂，且权值和阈值的编码和遗传操作也不容易调整，所以不容易用硬件实现。因此，四种网络算法实现的复杂程度为：BP＜RBF＜Elman＜GA - BP。

综上所述，从神经网络的复杂度来看，这四种神经网络在一定程度上反映了螺杆泵转速优化效果的差异。

参 考 文 献

[1] 蔡自兴，徐光佑. 人工智能及其应用 [M]. 北京：清华大学出版社，2003.

[2] 廉师友. 人工智能技术导论 [M]. 西安：西安电子科技大学出版社，2007.

[3] 张国英，何元娇. 人工智能知识体系及学科综述 [J]. 计算机教育，2010，8：25～28.

[4] 潘登. 建筑结构人工智能实验分析环境 [D]. 黑龙江：哈尔滨工业大学，2011.

［5］罗敏．电力系统等值的人工智能方法的研究［D］．上海：上海交通大学，2010．

［6］崔晓航，孙建林．中板精轧机支撑辊磨损模型的遗传算法求解［J］．天津冶金，2010，4：21~23．

［7］梁华，杨明忠，陆培德．用人工神经网络预测摩擦学系统磨损趋势［J］．摩擦学学报，1996，16（3）：267~271．

［8］赵韩，张彦．汽车发动机气缸磨损量的灰色预测［J］．农业机械学报，2006，37（7）：178~180．

［9］杨大勇，刘莹，李小兵．小波分析及其在摩擦表面研究中的应用［J］．江西科技，2006，24（4）：238~241．

［10］孙延奎．小波分析及其工程应用［M］．北京：机械工业出版社，2005．

［11］陈庆虎，周莉萍，谢铁邦，等．表面综合形貌的小波分离法［J］．华中理工大学学报，1997，25（5）：25~27．

［12］Chen Qinghu, Yang Shunian, Li Zhu. Surface roughness evaluation by using wavelets analysis ［J］. Precision Engineering, 1999, 23：209~212.

［13］Jiang X Q, Lunt L B, Stunt K J. Lifting wavelet for three – dimensional surface analysis ［J］. International Journal of Machine Tools & Manufacture, 2001, 41：2163~2169.

［14］Jiang X Q, Lunt L B, Stout K J. Application of the lifting wavelet to rough surfaces ［J］. Precision Engineering, 2003, 25：83~89.

［15］Lingadurai K, Shunmugam M S. Metrological characteristics of wavelet filter used for engineering surfaces ［J］. Measurement, 2006, 39：575~584.

［16］Barja E M, Afifi M, Idrissi A A, et al. Speckle correlation fringes denoising using stationary wavelet transform ［J］. Optics & Laser Technology, 2006, 38：506~511.

［17］陈庆虎，周轶尘．表面奇异特征的小波提取［J］．武汉交通科技大学学报，1999，23（4）：343~346．

［18］石永辉，李德华，关景火，等．小波分析用于汽缸内表面珩磨形貌测量的探讨［J］．华中科技大学学报（自然科学版），2004，32（4）：111~113．

［19］Jiang X Q, Blunt L. Third generation wavelet for the extraction of morphological features from micro and nano scalar surfaces ［J］. Wear, 2004, 257：1235~1240.

［20］Chen X, Raja J, Simanapalli S. Multiscale analysis of engineering surface ［J］. Int. J. Mach. Tools Manufact., 1995, 35（2）：231~238.

［21］Gallant John C, Hutchinson Michael F. Scale dependence interrain analysis ［J］. Mathematics and Computers in Simulatio, 1997, 43：313~321.

［22］Jiang X Q, Blunt L. Morphological assessment of in vivo wear of orthopaedic implants using multiscalar wavelets ［J］. Wear, 2001, 250：217~221.

［23］胡健闻，汤翔，黄亮，等．评价工程表面的一种基于小波的多尺度方法［J］．机械设计与制造，2004，（2）：103~104．

［24］李惠芬，蒋向前，李柱．小波理论的发展及其在表面功能评定中的应用［J］．现代计量测试，2001，（5）：5~8．

［25］王安良，杨春信．评价机械加工表面形貌的小波变换方法［J］．机械工程学报，2001，37（8）：65～70.

［26］Wang A L, Yang C X, Yuan X G. Evaluation of the wavelet transform method for machined surface topography Ⅰ: methodology validation［J］. Tribology International, 2003, 36: 517～526.

［27］Wang A L, Yang C X, Yuan X G. Evaluation of the wavelet transform method for achined surface topography 2 fractal characteristic analysis［J］. Tribology International, 2003, 36: 527～535.

［28］陈光雄，周仲荣．基于小波变换的摩擦噪声模态耦合机理研究［J］．摩擦学学报，2003，6（11）：524～528.

［29］陈德为，岳文选．基于小波变换的摩擦牵引系统防滑治滑策略研究［J］．煤炭学报，2005，30（5）：669～672.

［30］Podsiadlo P, Stanchowiak G W. Fractal - wavelet based classification of tribological surfaces［J］. Wear, 2003, 254: 1189～1198.

［31］Stanchowiak G W, Podsiadlo P. Classification of tribological surfaces［J］. Tribology International, 2004, 37: 211～217.

［32］王炳成，褚祥志，任朝晖，等．磨损表面形貌分析中的小波变换和分形方法［J］．组合机床与自动化技术，2005，（1）：69～71.

［33］Lin Yuan, Xiao Xurui, Li Xueping, et al. Wavelet analysis of the surface morphologic of nanocrystalline TiO_2 thin films［J］. Surface Science, 2005, 579: 37～46.

［34］汪渊，白宣羽，徐可为．基于小波变换 Cu - W 薄膜表面形貌表征与硬度值分散性评价［J］．物理学报，2004，53（7）：2281～2286.

［35］Wang Q, Chu F. Experimental determination of the rubbing location by means of acoustic emission and wavelet transform［J］. Journal of Sound and libration, 2001, 248（1）: 91～103.

［36］郁滨，张昊，吴捷，等．自适应模糊系统理论在负荷预测中的应用研究［J］．控制与决策，1999，14（3）：223～228

［37］林开平．人工神经网络的泛化性能与降水预报的应用研究［D］．江苏：南京信息工程大学，2007.

［38］张丽．基于神经网络的仿真元建模方法研究［D］．湖南：国防科学技术大学，2003.

［39］王长会．热轧带钢层流冷却过程控制方法的应用研究［D］．辽宁：东北大学，2005.

［40］Rumelhart D E. Learning Representation by BP Errors［J］. Nature, 1986, （7）: 64～70.

［41］Patrick P. Minimisation Method for Training Feed forward Neural Network［J］. Neural Network, 1994, （7）: 145～163.

［42］李天军．RBF 神经网络及其在锅炉过热汽温控制中的应用［D］．黑龙江：哈尔滨工业大学，2007.

［43］Powell M J D. Radial basis function for multivariable interpolations: a review. In IMA Conference on Algorithms for the Approximation of Functions and Data［J］. RMCS, Shrivenham UK, 1985, 143～167.

［44］ 郑明文. 径向基神经网络训练算法及其性能研究［D］. 北京：中国石油大学，2009.

［45］ Powell M J D. Radial basis function approximations to polynomials［J］. Numerical Analysis proceedings，1987：223～241.

［46］ 任丽娜. 基于 Elman 神经网络的中期电力负荷预测模型研究［D］. 甘肃：兰州理工大学，2007.

［47］ Pham D T，Liu X. Dynamic system modeling using partially recurrent neural networks［J］. Journal of Systems Engineering，1992，2：90～97.

［48］ 时小虎. Elman 神经网络与进化算法的若干理论研究及应用［D］. 吉林：吉林大学，2006.

［49］ Gao Guodong，Zhang Wenxiao，Sui Jianghua，et al. Research on Diesel Engine Fault Diagnosis Modeling Based on Elman Neural Network［J］. Advanced Materials Research，2012，361～363（pt. 3）：1506～1509.

［50］ 景广军，梁雪梅，范训礼. 遗传神经网络预测模型的设计及应用［J］. 计算机工程与应用，2001，9：1～3.

［51］ 刘洁，魏连雨，杨春风. 基于遗传－神经网络的交通量预测［J］. 长安大学学报（自然科学版），2003，23（1）：68～70.

［52］ 王小平，曹立明. 遗传算法－理论、应用与软件实现［M］. 陕西：西安交通大学出版社，2002.

6 螺杆泵转速优化系统开发

基于人工神经网络的螺杆泵转速优化系统的开发，能够对转速各影响因素进行实时监控并实现转速优化。该转速优化系统的开发是提高采油螺杆泵生产效率和延长其使用寿命的重要途径，同时对推动人工智能方法建模及其控制方式在工程技术领域的应用起到了重要作用。本章从功能需求与性能需求出发，以 Delphi 软件为开发平台，以 Matlab 语言为支撑软件，开发采油螺杆泵转速优化系统。

6.1 螺杆泵转速优化系统开发平台及支撑软件

6.1.1 Delphi 系统开发平台

Delphi 是 Windows 平台下著名的快速应用程序开发工具（Rapid Application Development，简称 RAD）。它的前身，即是 DOS 时代盛行一时的"BorlandTurbo Pascal"，最早的版本由美国 Borland（宝兰）公司于 1995 年开发，主创者为 Anders Hejlsberg。经过数年的发展，此产品也转移至 Embarcadero 公司旗下。Delphi 是一个集成开发环境（IDE），使用的核心是由传统 Pascal 语言发展而来的 Object Pascal，以图形用户界面为开发环境，透过 IDE、VCL 工具与编译器，配合联结数据库的功能，构成一个以面向对象程序设计为中心的应用程序开发工具。

Delphi 提供了 500 多个可供使用的部件，利用这些部件，开发人员可以快速地构造出应用系统。开发人员也可以根据自己的需要修改部件或用 Delphi 本身编写自己的部件[1]。主要特点如下：

（1）直接编译生成可执行代码，编译速度快。由于 Delphi 编译器采用了条件编译和选择链接技术，使用它生成的执行文件更加精炼，运行速度更快。在处理速度和存取服务器方面，Delphi 的性能远远高于其他同类产品。

（2）支持将存取规则分别交给客户机或服务器处理的两种方案，而且允许开发人员建立一个简单的部件或部件集合，封装起所有的规则，并独立于服务器和客户机，所有的数据转移通过这些部件完成。这样，大大减少了对服务器的请求和网络上的数据传输量，提高了应用处理的速度。

（3）提供了许多快速方便的开发方法，使开发人员能用尽可能少的重复性工作完成各种不同的应用。利用项目模板和专家生成器可以很快建立项目的构架，然后根据用户的实际需要逐步完善。

（4）具有可重用性和可扩展性。开发人员不必再对诸如标签、按钮及对话框等 Windows 的常见部件进行编程。Delphi 包含许多可以重复使用的部件，允许用户控制 Windows 的开发效果。

（5）具有强大的数据存取功能。它的数据处理工具 BDE（Borland Data base Engine）是一个标准的中介软件层，可以用来处理当前流行的数据格式，如 xBase、Paradox 等，也可以通过 BDE 的 SQLLink 直接与 Sybase、SQLServer、Informix、Oracle 等大型数据库连接。Delphi 既可用于开发系统软件，也适合于应用软件的开发。

（6）拥有强大的网络开发能力，能够快速的开发 B/S 应用，它内置的 IntraWeb 和 ExpressWeb 使得对于网络的开发效率超过了其他任何的开发工具。

（7）Delphi 使用独特的 VCL 类库，使得编写出的程序显得条理清晰，VCL 是目前最优秀的类库，它使得 Delphi 在软件开发行业处于一个绝对领先的地位。用户可以按自己的需要，任意的构建、扩充、甚至是删减 VCL，以满足不同的需要。

（8）从 Delphi8 开始 Delphi 也支持 . Net 框架下程序开发。

由于 Delphi 数据库组件技术和开发功能，有效简化了科学计算、过程监控和测试软件的开发。本书使用 Delphi7. 0 版本，简单快速地编译数据采集、分析及存储的相关组件，能够满足控制与仿真的要求。

6.1.2　Matlab 支撑软件

Matlab 是 matrix 和 laboratory 两个词的组合，意为矩阵工厂（矩阵实验室），是由美国 mathworks 公司发布的主要面对科学计算、可视化以及交互式程序设计的高科技计算环境。它将数值分析、矩阵计算、科学数据可视化以及非线性动态系统的建模和仿真等诸多强大功能集成在一个易于使用的视窗环境中，为科学研究、工程设计以及必须进行有效数值计算的众多科学领域提供了一种全面的解决方案，并在很大程度上摆脱了传统非交互式程序设计语言（如 C、Fortran）的编辑模式，代表了当今国际科学计算软件的先进水平[2~4]。

Matlab 系统由 Matlab 开发环境、Matlab 数学函数库、Matlab 语言、Matlab 图形处理系统和 Matlab 应用程序接口（API）五大部分构成。主要的优势特点为：

（1）高效的数值计算及符号计算功能，能使用户从繁杂的数学运算分析中解脱出来；

（2）具有完备的图形处理功能，实现计算结果和编程的可视化；

（3）友好的用户界面及接近数学表达式的自然化语言，使学者易于学习和掌握；

（4）功能丰富的应用工具箱（如信号处理工具箱、通信工具箱等），为用户提供了大量方便实用的处理工具。

Matlab 开发环境是一套方便用户使用的 Matlab 函数和文件工具集，其中许多工具是图形化用户接口。它是一个集成的用户工作空间，允许用户输入输出数据，并提供了 M 文件的集成编译和调试环境，包括 Matlab 桌面、命令窗口、M 文件编辑调试器、Matlab 工作空间和在线帮助文档。这些工具方便用户使用 Matlab 的函数和文件，其中许多工具采用的是图形用户界面，包括 Matlab 桌面和命令窗口、历史命令窗口、编辑器和调试器、路径搜索和用于用户浏览帮助、工作空间、文件的浏览器。随着 Matlab 的商业化以及软件本身的不断升级，Matlab 的用户界面也越来越精致，更加接近 Windows 的标准界面，人机交互性更强，操作更简单。而且新版本的 Matlab 提供了完整的联机查询、帮助系统，极大地方便了用户的使用。简单的编程环境提供了比较完备的调试系统，程序不必经过编译就可以直接运行，而且能够及时地报告出现的错误并进行出错原因分析。

同时，Matlab 是一个包含大量计算算法的集合，其拥有 600 多个工程中要用到的数学运算函数，可以方便的实现用户所需的各种计算功能。函数中所使用的算法都是科研和工程计算中的最新研究成果，并经过了各种优化和容错处理，在通常情况下，可以用它来代替底层编程语言，如 C 和 C＋＋。在计算要求相同的情况下，使用 Matlab 的编程工作量会大大减少。Matlab 的这些函数集包括从最简单最基本的函数到诸如矩阵，特征向量、快速傅里叶变换的复杂函数。函数能解决的问题大致包括矩阵运算和线性方程组的求解、微分方程及偏微分方程的组的求解、符号运算、傅里叶变换和数据的统计分析、工程中的优化问题、稀疏矩阵运算、复数的各种运算、三角函数和其他初等数学运算、多维数组操作以及建模动态仿真等。

通过上述的描述，可以看出 Matlab 语言具有其他高级语言无法比拟的优点，如编写效率高、用户使用方便、扩充能力强、移植性好、语句简单、矩阵和数组运算高效和绘图方便等。同时，Matlab 将高性能的数值计算和可视化集成在一起，并提供了大量的内置函数和工具箱，从而被广泛地应用于科学计算、信息处理、系统控制等领域。基于以上特点，本书选择 Matlab R2010a 作为编程语言，降低了编程的复杂性，提高了程序运行效率，确保了程序运算的准确性和稳定性。

6.2 Delphi 与 Matlab 混合编程

Delphi 作为一种功能强大的可视化编程语言，具有许多特点，但是在数据处理、分析以及智能优化算法应用等方面仍存在一些不足，进而限制了它的使用范围，尤其是在需要 Delphi 环境中进行海量数据处理时，其缺点就会显现出来。

例如，在 Delphi 中通过编程实现螺杆泵转速的神经网络优化模型时，不仅需要对数以千计的训练样本集进行处理，而且还要进行误差的正向以及反向的矩阵运算，尤其在改进算法和算法融合中的变化更是复杂。这些问题导致程序的运算量和编程的难度不断增大，可以想象仅仅依靠 Delphi 编程来实现是十分困难的。

　　Matlab 是一种数学类科技应用软件，其最大的特点是具有强大的矩阵计算能力，近些年来 Matlab 对许多专门的领域都开发了功能强大的模块集和工具箱。这些工具箱都是由特定领域的专家开发的，用户可以直接使用工具箱学习、应用和评估不同的方法而不需要自己编写代码。其中，神经网络工具箱提供了许多网络结构模型供设计者选择，而且提供了一些专用函数来实现网络的训练和测试。由于 Matlab 本身不具备实时操作和控制的功能，且实用的程序接口很少，导致其无法直接与硬件设备通讯。另外，Matlab 自身还存在的一些缺点限制了它在更多方面的应用。Matlab 程序不能脱离其运行环境，可移植性差；它采用的解释性语言，语言执行效率低，实时性较差；界面开发能力较差，难以开发出友好的应用界面；Matlab 编写的 M 文件是文本文件，容易被直接读取，难以保护劳动者的成果。

　　综合考虑两种软件的特点，采用 Delphi 和 Matlab 混合编程的方法实现螺杆泵转速优化系统的设计。在 Delphi 软件开发平台上直接调用 Matlab 程序，使得转速优化系统的设计更加方便，具体的调用过程如图 6－1 所示。

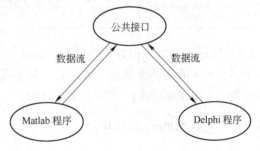

图 6－1　Delphi 和 Matlab 混合编程的参数调用

　　目前，常用的 Delphi 和 Matlab 混合编程的方法有五种，分别为使用 Matlab 引擎、利用 Mideva 软件平台、利用文件传输方式、利用动态数据交换（DDE）或利用 Active 自动化技术等[5]。

6.2.1　使用 Matlab 引擎

　　Matlab 本身并没有提供与 Delphi 的应用接口程序，但它提供了基于 Win32 平台的 Visual C＋＋应用程序接口，包括 Matlab 引擎（Engine）和 C/C＋＋函数库[6]。为此，我们可以利用 Matlab 与 Visual C＋＋之间的接口函数[7]，通过 Matlab 引擎进行指令处理和数据传递，将用 C＋＋语言编写出的动态链接库（DLL）作为 Delphi 与 Matlab 的接口，在 Delphi 中进行 C＋＋动态链接库函数的调用以实现 Delphi 与 Matlab 的混合编程（其原理如图 6－2 所示）。

　　这种 Delphi 与 Matlab 混合编程的实现方式关键在于用 Visual C＋＋开发

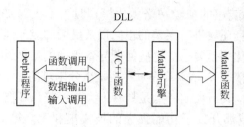

图6-2 使用 Matlab 引擎实现混合
编程的原理框图

DLL。实现 Visual C + + 与 Matlab 的数据通讯需要涉及到 Matlab 的数据管理机制。Matlab 的数据管理机制是由 Matlab 的 mxArray 结构和对其操作的函数构成。在 Matlab 中，数据主要是存储在 mxArray 类型的变量中，同时 Matlab 引擎也提供了 C/C + + 语言环境中的 mxArray 和调用函数（见表6-1）。

表6-1 C/C + + 语言环境中的 mxArray 和调用函数

函数名	功　能
Engopen	打开 Matlab 引擎
engEvalString	执行一条 Matlab 命令
EngPutArray	将外部变量放入 Matlab 引擎中，通过它向 Matlab 传输数据
EngGetArray	从 Matlab 的 Workspace 取变量，通过它从 Matlab 取出计算结果
EngOutPutArray	为 Matlab 的输出指定缓冲区
engClose	关闭 Matlab 引擎

利用这些，可以很方便地实现 Visual C + + 环境下的 Matlab 引擎程序开发。Visual C + + 的动态链接库生成之后，只需在 Delphi 开发环境中 unit 的 implemention 部分加以正确声明，就可以调出 DLL。

6.2.2 利用 Mideva 软件平台

Mideva 是 Matlab 公司推出的一种 Matlab 编译开发软件平台，是一个强大而完备的 M 文件解释和开发环境，它通过应用 Mat Com 和实时编译技术而达到快捷的速度。该软件平台有为 Borland C + +、VisualBasic 和 Delphi 等编程语言开发的不同版本。Mideva 具有编译转换功能，能将 Matlab 函数或编写的 Matlab 程序转换为 C + + 形式的 DLL。在 Delphi 中调用动态库函数，实现对 Matlab 各种工具箱函数的调用。利用 Mideva 平台实现 Delphi 和 Matlab 混合编程的流程，如图6-3所示。

同时，Mideva 还提供了近千个 Matlab 基本功能函数，包括基本的操作命令、I/O、位图控制等。通过必要的设置，就可以直接实现与 Delphi、C + + Builder 和 Visual Basic 等高级语言的混合编程，而不必要依赖于 Matlab 环境，但前提是系统必须有动态链接库 mdv300. dll

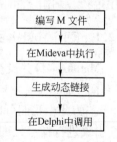

图6-3 利用 Mideva
软件平台实现
混合编程流程

和 ago4300. dll。

6.2.3 利用文件传输方式

这种混合编程的思路是在 Delphi 环境中将要处理的数据和执行的命令写为 M 文件，然后调用后台 Matlab 程序执行所编写的 M 文件完成各种运算，最后读取 Matlab 的运算结果。

Matlab 中具有内置的 M 文件编辑器，Matlab 会自动按顺序执行 M 文件中的语句。因此可以在 Delphi 中将用于传递的数据及命令写入后缀为 M 的文本文件中。

AssignFile(filel , 'delphioutl. M') :

//关联文件名和文件变量

ReWrite(filel) ;

//创建并打开新文件

WriteIn(⋯) ;

//写入文本文件

Matlab 调用此文件，经过计算后，将结果存放到文本文件中，调用 Matlab 中的 Save 指令，如 Save outfile. dat x y – ascii – double，将变量以 16 位数保存到名为 outfile 的 ASC Ⅱ 文件。然后，在 Delphi 中调用这个文件读取数据。代码为：

if FileExist('outfile. Dat') then

begin

    AssignFile(file2 , 'outfile. Dat') ;

    ReSet(file2) ;

    i : = 0 ;

    While not Eof(file2) do

    Begin

      ReadIn(⋯) ;

        ⋯

    End :

    CloseFile(file2) :

End ;

应用上述步骤完成 Delphi 应用程序与 Matlab 的接口后，还需要在应用程序中添加代码：copyfile ('d : /matlabfile/matlabrcbak. m' , 'd : /matlab toolbox/local/matlabrc. m' , false) 来还原 Matlab 的原始环境参数设定。

6.2.4 利用 DDE（动态数据交换）

动态数据交换是一种基于 Windows 的信息机制[8]，在客户机和服务器程序之间通过互相传递信息进行对话，实现不同程序间的数据交换。在 Delphi 中利用 DDE 技术和 Matlab 进行动态数据交换，Delphi 为客户机，确定对话主题，连接 Matlab 服务器，建立 DDE 对话。实现的流程如图 6-4 所示。

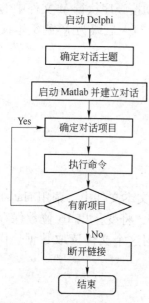

图 6-4 利用 DDE 实现
混合编程流程

在前台操作界面上放置 Ddeclientconv 和 Ddeclientitem 组件。Ddeclientconv 用于客户端同服务器建立对话和确立对话主题，其 DdeService 属性设置成 Matlab，DdeTopic 属性设置成 engine 或 system，调用 openlink 方法建立 DDE 对话；Ddeclientitem 用于客户端注册对话项目，通过 Text 和 Lines 属性显示被链接的数据。

6.2.5 利用 Active

从某种意义上来说，Active 技术的应用类似于 DDE 链接，实质上它比 DDE 链接更强大，因为它是在调用一种部件，而不需要该部件对应的程序正在运行。Matlab 支持 ActiveX 服务器端协议，在 Delphi 中提供了用于 ActiveX 接口与对象编程的函数：GetActiveOleObject，格式为：Function Get Active Ole Object（const Class Name：String）：Idispatch。

因此，如果建立一个 Delphi 应用程序和 Matlab 之间的 Active 连接，那么 Delphi 应用程序就可以实现 Matlab 的调用，可以执行 Matlab 命令；向 Matlab 传输或接收数据。用下面命令来链接 Matlab 的 Active 组件：

Matlab：= Get Active Ole Object（'Matlab. Application. Single'）；

Matlab Active 对象在系统注册表中定义的名字 ProgID 为 Matlab. Application. 5（6.0 版本以上为 Matlab. Application. 6）或 Matlab. Application. single。对 Matlab 服务器的使用，系统提供了5个函数：Execute（执行 Matlab 命令）、PutFull Matrix、GetFull Matrix（数据传递函数）、Minimize Command Windows、MaxnimizeCommand Windows（用于界面窗口操作），这些极大地方便了 Delphi 与 Matlab 间强大功能的程序开发。

上述 Delphi 与 Matlab 混合编程的方法各有特点，但是相比于其他实现方法，利用文件传输方式实现混合编程的方法具有实现简单、开发效率高、运行稳定的优点。这种混合编程方法不但能保证混合编程后良好的接口功能，又能通过自身技术的优点降低编程难度且减少了兼容问题。综合分析以上五种混合编程方法，本书为了实现软件操作的方便性以及 Matlab 数据的实时控制，选择利用文件传输方式实现混合编程。

6.3　基于文件传输方式实现的混合编程

利用 Matlab 系统支持的 M 文件作为数据中转，可以把经 Matlab 运算后的结果传回给 Delphi。一般的实现方法是，用一种自己熟悉的高级语言编写前端用户交互界面，并搜集必要的参数信息，保存在一个临时文件中，然后利用异步程序调用方式执行 Matlab 程序。在此之前必须用 Matlab 语言编写好一个能完成任务的 M 文件，读 M 文件将从临时文件中读取所需的参数信息，执行任务并返回结果。同样，Matlab 程序得到的结果也应保存在一个文件中，供给前端用户程序使用[9]。

6.3.1　Matlab 的 M 语言

Matlab 提供了一种交互式的高级编程语言——M 语言，利用 M 语言可以通过编写脚本或者函数文件实现用户自己的算法。

利用 M 语言还能开发相应的 Matlab 专业工具箱函数供用户直接使用。这些工具箱应用的算法是开放的、可扩展的，用户不仅可以查看其中的算法，还可以针对一些算法进行修改，甚至允许开发自己的算法，扩充工具箱的功能。

由 Matlab 语言编写而成的文件，习惯上称之为 M 文件。函数 M 文件可以从用户那里接受一定数量的输入参数，并返回若干输出参数，而脚本 M 文件一般不接受任何输入参数，也不返回任何输出参数。一般脚本 M 文件用来存放用户需要重复执行的一系列操作，以避免重复地键入大量相同命令，而函数 M 文件则一般用来完成某种特定的功能，是用户应用程序的组成部分和 Matlab 功能的扩展。

6.3.2　Matlab 数据的输入输出方法

Matlab 输入数据的方法很多，其中利用 M 文件，直接把数据按元素列表方式引入 Matlab 工作内存方法，不仅语法简单，而且运行时只要输入文件名，Matlab 就会自动按顺序执行 M 文件中的语句；Matlab 数据输出的方法也有很多种，为了便于与 Delphi 应用程序的交互，可以利用 Matlab 中的 Save 指令输出数据，如指令 Save outfile. dat x y – ascii – double，就是将变量 x 和 y 以 16 位 ASCⅡ码形式存入 outfile. dat 文件。

基于上述 Matlab 数据输入、输出的方法，我们可以利用 M 文件作为数据中转，实现 Delphi 和 Matlab 的数据交换，如图 6-5 所示。

图 6-5　Delphi 和 Matlab 的数据交换流程

6.3.3　执行可执行文件（exe）的方式

Windows 中提供的 API 函数 WinExec 用来执行已有的执行文件。该函数定义为：UINT WinExec（LPCSTR lpCmdLine，UINT uCmdShow）；

LPCSTR lpCmdLine 包含要执行的命令行。

系统将在以下范围查找应用程序，即应用程序启动位置、当前目录位置、Windows system 目录、Window 上目录、path 中设置的路径列表。

UINT uCmdShow 定义了以怎样的形式启动程序的常数值。

6.3.4　Delphi 将数据传递给 Matlab

Matlab 的基本数据单位是矩阵，所以在 Delphi 应用程序中我们可以通过文件变量，将参与运算的数据输出成 M 文件，以创建和保存矩阵数据。同时，Delphi 应用程序在前台运行，因此在应用程序中要调用 Windows 函数 WindExec 来执行 Matlab. exe。运行结束时，还原 Matlab 原始环境参数设定。

在 Delphi 应用程序中，可以先将参与运算的矩阵保存为 M 文件，这样 Matlab 就可以通过执行相应的 M 文件，获得参与运算的矩阵。Delphi 应用程序段事先定义好文本文件类型的文件变量、数组变量、保存矩阵的 M 文件路径及文件名。

在创建保存矩阵的 M 文件过程中，整个输入矩阵必须以"［］"为其首尾，矩阵的行与行之间必须用分号或回车区分，矩阵元素必须由逗号或空格隔开。

6.3.5　Matlab 接受传递数据并进行计算

M 文件只有在 Matlab 集成环境中才能被识别和自动执行，而根据后台的要求，不能显式地进入 Matlab 集成环境。考虑到 Matlab 环境变量由 matlabrc. m 文件定义，因此可以通过对 matlabrc. m 文件的修改，即将 Matlab 要完成的数据输入、计算、数据输出过程编写成 M 文件，加入到 matlabrc. m 中，从而实现了

Matlab 的后台运行。

6.3.6 矩阵运算的实现

按照 6.3.2 小节至 6.3.5 小节提供的通行方法，我们来进行矩阵运算 b * y，其中 b 是 t * 2 矩阵，y 是 1 * t 矩阵。其关键步骤与代码段为：

```
//创建保存矩阵 b 的 M 文件
AssignFile(Fb, 'e:\matlabfile\delphioutb. m');//给文件命名
Rewrite(Fb);//建立并打开新文件
Write(Fb, 'b = [ ');//将数据写入文件中
for i: = 0 to t - 2 do
  for j: = 0 to 1 do
    begin
      Write(Fb,b[i][j])
      if j < 1 then
        Write(Fb, ', ')
      else
        if(i < t - 2)and(j = 1)then
          Write(Fb, '; ')
        else
          Write(Fb, '] ')
    End;
CloseFile(Fb);//关闭文件
//创建保存矩阵 y 的 M 文件
AssignFile(Fy, 'e:\matlabfile\delphiouty. m');
Rewrite(Fy);/
Write(Fy, 'y = [ ');
for i: = 1 to t - 1 do
  if i < t - 1 then
    Write(Fy,y[i], ', ')
  else
    Write(Fy,y[i], '] ')
CloseFile(Fy);
```

用文本编辑器输入以下代码，保存在自己的目录（如 c:\ matlabfile）下，文件名为 Mymatlabfile. m。

```
delphioutb % 保存矩阵 b 的 M 文件
```

delphiouty % 保存矩阵 y 的 M 文件

m = b * y

Save c：\matlabfile\matlaboutfile. dat m － ascii － double

Quit % Matlab 程序执行完后，自动退出

打开 matlabrc. m，将其保存为一个备份文件 matlabrcbak. m，然后对原文件进行编辑，将下列语句加在文件最后：

if exist(' c：\matlabfile\Mymatlabfile. m')

   Mymatlabfile

end

这样一来，只要在应用程序中启动 Matlab，就会完成相应操作。

我们可以以用以下程序段隐式启动 Matlab。

copyfile(' c：\ dm \ matlabfile \ Mymatlabrc. m'，' c：\ matlab \ toolbox \ local \ matlabrc. m'，false)；

winexec(' c：\matlab\bin\matlab. exe'，SW_MINIMIZE)；

Matlab 将计算结果通过 save c：\ matlabfile \ matlaboutfile. dat m － ascii － double 进行输出，所以我们可以通过下面的程序获取计算结果，并将结果通过 double 类型变量 temp 放进数组 a 中。

If FileExists(' c：\matlabfile\matlaboutfile. dat') then

   AssignFile(Fa,' c：\matlabfile\matlaboutfile. dat')；

Reset(Fa)；//打开已存在的文本文件

i：=0；

While not Eof(Fa)do//判断文件是否已经到达末尾

  begin

     Read(Fa,mid)；//从文件中读取数据，放到对应变量中

     a[i]：=temp；

     i：=i+1

  end；

CloseFile(Fa)；

另外，在应用上述步骤完成后，还需要在应用程序中添加以下代码，以还原 Matlab 原始环境参数设定，以待下次数据传输：

copyfile(' c：\ matlabfile \ matlabrcbak. m'，' c：\ matlab \ toolbox \ local \ matlabrc. m'，false)；

此方法利用文件形式进行两个应用程序之间的数据传递，实现方便，不需要一些复杂的编程技巧，方法直观，在运行调试的时候可以方便地看到传递数据的内容，便于维护。

结合螺杆泵转速优化系统的开发，Delphi 开发平台采用文件传输方式实现 Matlab 混合编程的原理为：首先，在 Delphi 环境中将螺杆泵转速人工神经网络模型生成的 M 文件源代码进行处理，每一行处理成一个执行单元，进而生成若干个新的 M 文件；打开 Matlab 程序执行新的 m 文件并完成神经网络模型的优化；最后，采用 Delphi 程序读取 M 文件中神经网络模型的优化结果。Delphi 开发平台与 Matlab 程序采用文件传输方式实现混合编程的流程如图 6 -6 所示。

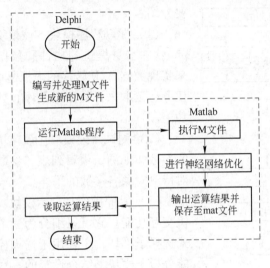

图 6 - 6 Delphi 和 Matlab 混合编程的流程图

6.4 螺杆泵转速优化系统总体设计及组成模块

6.4.1 螺杆泵转速优化系统总体设计

采油螺杆泵转速优化系统的主要功能是测试采样和参数性能分析，其他功能包括界面操作与显示、数据库及报表等可以在 Delphi 开发平台上通过简单的编程实现。螺杆泵转速优化系统的总体设计分为两部分：一部分是实时同步采集温度、排量、泵两端压差、转速和扭矩等信号；另一部分是人工神经网络类型选择。总体设计中的这两个部分既并行独立运行，又存在一定关联。采油螺杆泵转速优化系统的总体设计如图 6 -7 所示。

螺杆泵转速优化系统程序开始执行后，首先设置试验时间、扭矩、温度、泵两端压差等参数，选择神经网络类型（即转速优化程序）。开始测试后，计算机自动运行采样和计算程序，计算后的结果以图表形式表示。当结果满足要求时，进行数据保存和报表打印；而当结果不能达到要求时，返回人工神经网络类型选择，重新进行测试。

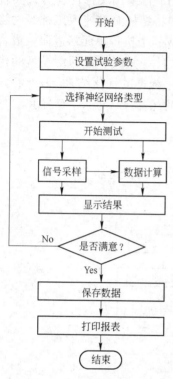

图 6-7　采油螺杆泵转速优化
系统主程序流程图

6.4.2　螺杆泵转速优化系统组成模块

采油螺杆泵转速优化系统的组成模块主要包括驱动程序模块、测试采样模块、界面操作和显示模块、参数性能分析模块、数据库及报表模块等，如图 6-8 所示。下面分别对各个模块作简要介绍：

（1）驱动程序模块。该模块可实现通过 Delphi 软件本身提供的构件和数据库技术，创建用来实现数据 A/D 转换的虚拟通道、开始数据采集任务、读取采样数据以及停止并清除采集任务等功能。

（2）测试采样模块。该模块可实现根据设定的参数，如测试项目列表、参数通道号等，完成对待测对象各参数的采样。

（3）界面操作与显示模块。该模块可实现人机交互功能。它可以细分为三个子模块：控制方式选择子模块，主要用于选择控制方式；参数性能分析子模块，结合设定的参数对采样数据进行分析计算；结果显示子模块，以图形化的方式实时显示各待测参数测量结果。

（4）参数设定模块。该模块可实现测试时间、泵两端压差、温度、转速等的设定。

（5）数据库及报表模块。该模块可实现将获取的采样数据生成数据库，将采集数据自动生成测试结果报表。并可根据工况类型或测试时间等过滤条件进行数据查询、测试过程回放。

6.5　螺杆泵转速优化系统的软件设计

根据采油螺杆泵转速优化系统的总体设计和组成模块设计预想，采用 Delphi 软件与 Matlab 软件混合编程的方式进行软件设计。以可视化编程语言 Delphi 为开发平台，结合其本身提供的数据库组件技术和开发功能，利用 Matlab 数值计算功能完成采集数据的处理与神经网络模型的计算，最终完成系统的软件设计。

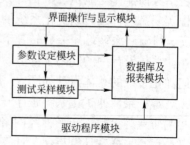

图 6-8　采油螺杆泵转速
优化系统组成模块

　　采油螺杆泵转速优化系统的软件需要实现采集数据的实时监控、人工神经网络模型的计算、优化转速的输出控制等三个主要功能。同时系统软件还应包括数据的显示、分析处理、保存设定以及故障报警等功能。为此，采油螺杆泵转速优化系统的软件程序主要包括数据采集程序、螺杆泵转速神经网络模型与 Delphi实现程序、控制输出程序以及数据显示和保存等辅助程序。

6.5.1 数据采集程序

　　采油螺杆泵转速优化系统中数据采集程序利用内存存储技术 DMA 进行数据采集和处理，数据采集和处理的过程如图 6－9 所示。具体步骤为：首先，由Delphi 编写的上位机程序上传封包至 ARM 主控（Cortex M3 处理芯片）；然后，将传感器获取试验信息的模拟信号转换成数字信号，并保存到 Delphi 程序上传的封包内；最后由 Delphi 程序将封包下载到程序中并进行处理，得到稳定的采集信号数据。在数据采集和处理过程中，数据的传输均采用 RJ45 网络通讯，以确保数据传输的稳定性和可靠性。

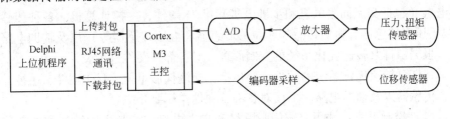

图 6－9　数据采集和处理的过程示意图

6.5.2 螺杆泵转速神经网络模型与 Delphi 实现

　　螺杆泵转速神经网络模型的数值计算是通过 Delphi 软件设计优化系统的前面板界面、数据采集、参数设置及转速控制输出等子程序和利用 Matlab 软件进行的。螺杆泵转速神经网络模型与 Delphi 实现的示意图如图 6－10 所示。具体的实施过程为：首先，将传感器采集的数据传递给 Delphi 程序，并启动 Matlab 软件；然后，在 Matlab 环境下执行 M 文件或 mat 文件，程序运行后将数据输出；最后，由 Delphi 程序从 Matlab 软件中读取出数据，并以此控制电机转速。

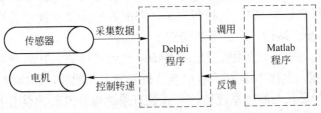

图 6－10　螺杆泵转速神经网络模型与 Delphi 实现的示意图

6.5.3　控制输出程序

采油螺杆泵转速优化系统中控制输出程序，主要是由下位机 ARM 主控通过 RJ45 网络通讯从上位机得到控制参数后做出相应的动作。主要包括以下几个方面：

（1）将上位机设定的转速转换为频率和方向信号后，传递给电机。

（2）在试验过程中采集的试验参数，通过 232 串口通信传递给上位机的 Delphi 程序，并保存、处理、记录和描绘相关数据曲线。

（3）当设定的试验条件结束或者出现非常规动作时，上位机中的 Delphi 程序会自动结束试验并传递给下位机指令停止所有动作。

6.6　螺杆泵转速优化系统的模拟硬件构成

采油螺杆泵转速优化系统是否可以正常工作不仅依赖于功能强大的软件结构，而且也依赖于硬件结构的合理性。螺杆泵转速优化系统的硬件主要包括：控制电机（包括交流伺服电机和步进电机）、I/O 硬件、主控计算机、各种传感器（包括压力传感器、扭矩传感器、位移传感器和温度传感器等）以及辅助电路组成。根据螺杆泵转速优化系统的控制原理，对各部分硬件进行设计。

螺杆泵转速优化系统的硬件主要包括：交流伺服电机、I/O 硬件、主控计算机、传感器以及辅助电路。下面对各部分硬件作简要介绍。

（1）控制电机：选用交流伺服电机和步进电机，控制主轴转速和加载装置中螺母旋转的速度。交流伺服电机选用的型号为 TSB13102B（1kW），具有发热低、体积小、重量轻、灵活适应用户系统等特点。步进电机选用的型号为 YK86HB156 - 05A，步距精度 5%，径向跳动最大 0.02mm，轴向跳动最大 0.08mm，满足控制电机的精度要求。

（2）I/O 硬件：选择 EDC - 3100 测控系统，由一套主机和一套从机组成。该测控系统主要包括以下几个部分：主控 ARM 采用德州仪器 32 位 Cortex M3 处理芯片进行高速采集及控制；二路模拟量传感器通道采用 24 位 ADC 芯片，有效内码 ±200000，最高测量范围 0.4% ~ 100% FS；二路数字量传感器通道采用四倍频编码器采样电路。该测控系统使用 100M 以太网进行通讯，能够达到最高 2M 的高速采样和最高 50Hz 的控制频率，并配有智能多功能手控盒接口（包含升、降、快、慢、运行、停止等功能）。

（3）主控计算机：选用联想启天 M4360 型台式电脑，其配置为 Intel 奔腾双核 G640 处理器，内存 2GB，250G 硬盘，核心显卡，配有扩展插槽。该型号电脑以网络 HUB 的形式与测控系统连接，并装有采油螺杆泵转速优化系统软件，能够满足系统开发要求。

（4）传感器：选用压力传感器、扭矩传感器、位移传感器和温度传感器，分别用来实时反馈泵两端的压差、转动时产生的扭矩、定转子间的磨损间隙和井下温度变化情况。各种传感器的具体型号为：压力传感器选用TJH－4D，额定载荷为1kN，综合精度为0.02，灵敏度为2.0mV；扭矩传感器选用JNNT动态扭矩传感器，额定载荷为10N·m，综合精度为0.1，灵敏度为1.0mV；位移传感器选用KS40－10000P型拉线编码器，最大行程为2000mm，线性精度最大0.05%，可达到1μm；温度传感器选用Pt100，温度范围可达－200～+200℃，测量误差为0.1℃。

螺杆泵转速优化系统硬件具体实现流程如图6－11所示。其工作原理为：在获得采集信号的基础上，通过系统软件对数据进行处理，得到螺杆泵转速神经网络模型的优化值，然后将优化值进行处理传递给交流伺服电机进行调速。

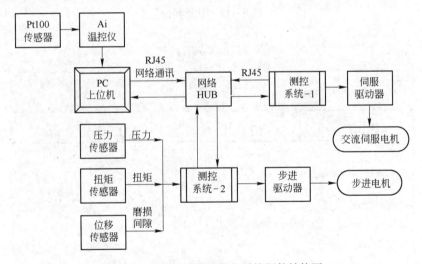

图6－11　螺杆泵转速优化系统硬件结构图

6.7　螺杆泵转速优化系统运行界面

6.7.1　开机界面

开机后，在"用户名"处选择"试验员"或"管理员"，然后在"密码"处输入密码"×××"，点击"确定"进入主界面，如图6－12所示。"管理员"的权限比"试验员"的权限高，用于更改试验机的系统设置；"试验员"为最低权限，仅限于普通试验操作。

6.7.2　主界面

在正确输入用户名和对应的密码后，点击"确定"进入如图6－13所示的

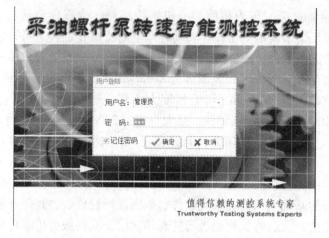

图 6 – 12 开机界面

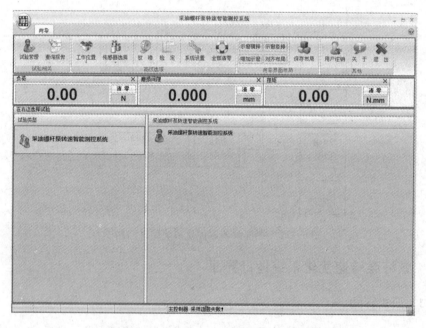

图 6 – 13 主界面

主界面。主界面包括以下几个部分：工具栏；示值显示栏；试验选择界面；状态栏。软件必须在主机安装 Matlab2010 或以上版本的情况下才能正常启动。

6.7.2.1 工具栏

A 试验管理

点击向导界面工具栏中的试验管理按钮后进入管理界面，如图 6 – 14 所示。

试验列表与向导一样，将试验按照不同的类型进行分类，点击类型前的▣可以展开该类型拥有的试验列表。可以按照需要选择导出试验。

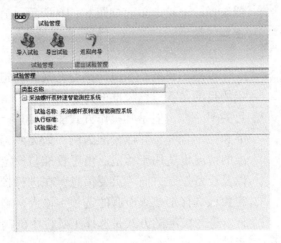

图 6 – 14　试验管理界面

B　查询报告

点击向导界面工具栏中的查询报告按钮后进入查询报告界面，如图 6 – 15 所示。可以查看所有试验的结果，试验选择可以通过下拉最近试验或全部试验进行操作。

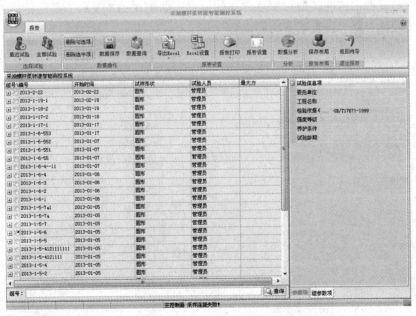

图 6 – 15　查询报告界面

图 6-16 传感器
选择菜单

C 传感器选择

点击向导界面工具栏中的传感器选择按钮后弹出传感器选择的下拉菜单，如图 6-16 所示。通过勾选来选择传感器的类型。

D 校准和检定

校准的目的是获取传感器在某一通道下的校准表，检定的目的是获取已校准的传感器的误差信息。虽然两者的目的不一样，但是其操作方式非常接近。因此，此处将校准和检定合并，并以校准为例，如无明确指出，适用于校准的情况也适用于检定。由于校准与检定涉及到设备精度以及设备控制方向等重要信息，在进行校准或检定时，一定要认真仔细核查所有的选项、输入，确保无误后方可运行。进入校准的方式是选择工具栏中的高级选项→校准或者检定。

a 校准对象

在弹出的传感器选择窗体中选择所需校准的传感器，图 6-17 显示为传感器选择界面。

b 控制参数设置

若选择"1000N 传感器"控制参数设置，也就是在采用自动加载时，对校准或检定过程中校准类型和加载方式的设置，如图 6-18 所示。其他传感器的控制参数设置与以上设置基本相同。

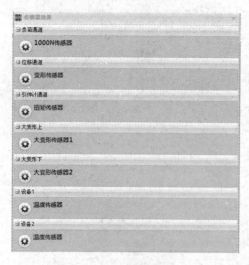

图 6-17 传感器选择界面

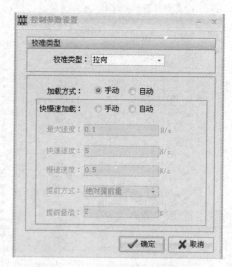

图 6-18 控制参数设置界面

E 系统设置

通过主界面工具栏中的系统设置按钮可以进入系统设置工具栏，如图 6 - 19 所示。

图 6 - 19 系统设置工具栏

（1）联机设置。点击联机设置按钮后，可以通过配置联机参数进行设置，并点击测试连接，若测试通过，则点击确定按钮。

（2）设备管理。设备管理是系统对设备参数的管理，设备参数包括控制参数、通道参数、传感器参数等。单击设备管理按钮，打开管理界面。设备管理界面包括工具栏、设备结构树、参数等。

（3）软件激活。设置控制器的编号，激活软件，以保证软件能长期使用。

（4）用户管理。单击工具栏中的用户管理按钮，可以进行用户账号管理，如添加用户、删除用户、修改密码等操作。

（5）单位管理。点击单位管理按钮，配置单位类型和单位，用于示值显示和结果显示。

F 布局管理

通过工具栏中的"向导界面布局"模块，对主界面的布局进行调整。各子模块的功能为：

（1）增加示窗。用户可增加示值窗口，点击工具栏中界面布局中的增加示窗按钮即可，并可在示值显示窗上切换显示的类型、小数位、单位等。

（2）示值横排和竖排。切换示值窗在窗口中的位置，可以按照个人习惯选择，点击工具栏中界面布局中的示值横排/示值竖排按钮即可。

（3）对齐布局。对界面窗口进行排列对齐，程序在启动、增加或者关闭示值窗口、调整界面大小时都会自动对齐布局，也可通过在工具栏中点击对齐布局进行对齐。

（4）保存布局。程序在退出试验、退出校准\检定、退出程序，都会自动保存当前的界面布局为试验、校准\检定的默认布局，下次进入时的界面布局自动恢复为保存时的布局，也可以通过点击工具栏中界面布局中的保存布局按钮来保存布局。

G 用户注销

注销当前用户，重新登录。

H 关于

显示当前软件的版本信息和硬件的版本信息。如果在使用软件的过程中遇到程序问题或者希望修改程序功能，需要这些信息。

I 退出

单击退出按钮或点击界面右上角的 ✕ ，即可退出软件。

6.7.2.2 示值显示栏

显示各传感器的数值变化，可随时调整显示的类型、小数位和单位，如图6-20所示。

图6-20 示值工具栏

6.7.2.3 试验选择界面

试验选择界面如图6-21所示，左边显示可以选择的各种试验类型和最近试验，右边显示的为左侧类型中包含的试验。

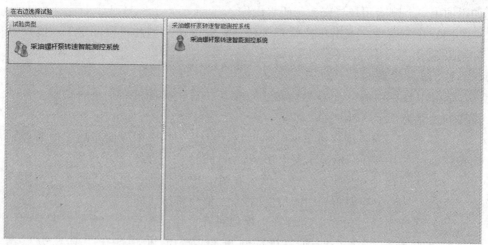

图6-21 试验选择界面

6.7.2.4 状态栏

显示控制相关的信息，如控制的控制状态、试验步骤等信息，如图6-22所示。表6-2对状态栏进行了详细的信息说明。

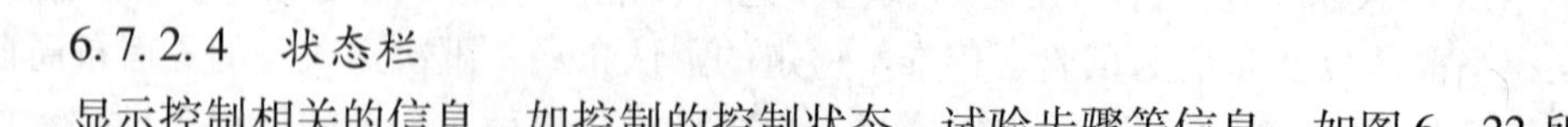

自动	闭环	加载	正式加载	正式加载>负荷控制:10kN/s 目标负荷:1000kN
2	3	4	5	6

图6-22 状态栏

表 6 – 2 状态栏的信息说明

序号	状态	状态栏信息说明
1	空白、警告	空白：没有警告，运行正常
		警告：控制器中存在警告，试验停止，同时会弹出警告的具体内容
2	脱机、自动、手动	脱机：当前系统与控制器通信失败
		自动：当前控制处于自动控制中
		手动：当前控制处于手动控制中
3	停止、开环、闭环	停止：控制器处于停止中
		开环：控制器处于开环控制中
		闭环：控制器处于闭环控制中
4	加载、卸载、保持、特殊	加载：控制器处于负荷加载中
		卸载：控制器处于负荷卸载中
		保持：控制器处于负荷保持中
		特殊：其他特殊情况
5	预加载、正式加载、后处理	预加载：当前处于预加载阶段
		正式加载：当前处于正式加载阶段
		后处理：当前处于后处理阶段
6	显示试验过程信息	当前控制器正在执行的步骤信息。 如：速度1kN/s，目标5kN，保持10s。表示系统正以1kN/s的速度加载到目标值5kN，到达目标后保持10s

6.7.3 试验主界面

选择主界面右侧的"采油螺杆泵转速智能测控系统"，进入试验主界面，如图6–23所示。测控系统的试验主界面包括以下几个部分：工具栏、示值显示栏、试验曲线及布局栏和参数设置及控制栏。其中，参数设置及控制栏可分为：压力参数设置栏；控制方式选择及神经网络预测、建模等操作栏；试样信息栏；压力加载控制栏。

6.7.3.1 压力参数设置栏

压力参数设置栏如图6–24所示，从左向右各参数设置方法为：

（1）控制方式：负荷控制。

（2）控制值：根据实际目标负荷选择，不建议选择过大的速度；单位：N/s，默认为牛顿/秒。

（3）目标方式：目标负荷。

（4）目标值：填写需要保持的压力值；单位：N，默认为牛顿。

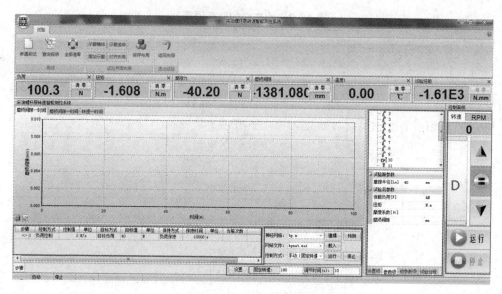

图 6 - 23　试验主界面

步骤	控制方式	控制值	单位	目标方式	目标值	单位	保持方式	保持时间	单位	当前次数
⇨ 1	负荷控制	2	N/s	目标负荷	40	N	负荷保持	10000	s	

图 6 - 24　压力参数设置栏

（5）保持方式：负荷保持。

（6）保持时间：使其稍大于试验时间；单位：s，秒。

（7）当前次数：空。

6.7.3.2　控制方式选择及神经网络建模和预测等操作栏

控制方式选择及神经网络建模和预测操作栏见图 6 - 25。控制方式共有四种，分别为"手动（固定转速）"、"自动（记录时间）"、"自动（根据时间反馈）"和"ANN 控制"。

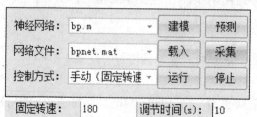

图 6 - 25　控制方式选择及神经网络
建模和预测等操作栏

除"手动（固定转速）"的控制方式外，其余的控制方式均需要神经网络建模和预测等操作。具体的操作过程是：首先选择神经网络类型，点击"建模"后，再点击"预测"后得到预测转速；然后点击"载入"，将生成的神经网络模型载入到主程序中；最后点击"采集"和"运行"后即可。

6.7.3.3 试样信息栏

图 6-26 显示的尾试样信息栏。

6.7.3.4 压力加载控制栏

图 6-27 显示的为压力加载控制栏。下面分别将各个图标进行介绍。

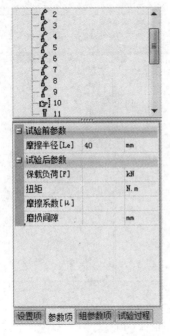

图 6-26 试样信息栏 　　　　图 6-27 压力加载控制栏

（1）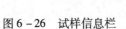：步进电机的加载速度调整（默认无需调整），拖动滑块即可进行实时调整；

（2）▲：手动加载按钮；

（3）▣：手动停止按钮；

（4）▼：手动卸载按钮；

（5）▶ 运行：开始加载和保载按钮；

（6）■ 停止：停止保载和试验按钮；

（7） 转速 RPM 351：当前主轴的转速。

6.7.4 试验结果与报告界面

当试验结束后，点击查询报告按钮进入查询报告界面，见图 6 - 28。主要包括：工具栏；记录组号和编号；试样信息栏。

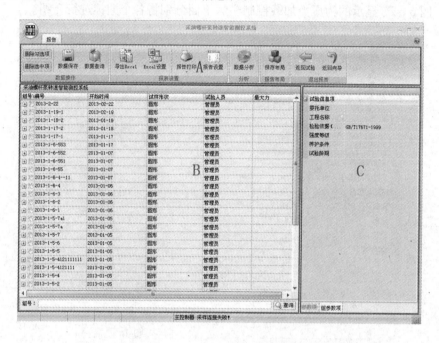

图 6 - 28 试验结果与报告界面

6.7.4.1 工具栏

（1） 删除勾选项：删除勾选的试验数据。

（2） 删除选中项：删除选中的试验数据。

（3） 数据保存：试验数据在修改后会自动保存修改后的数据，也可以点击保存数据。

（4） 数据查询：输入查询试验模块查询当前试验的历史记录。主要查询条件有试验组号（模糊查询）、试验人员（模糊查询）、试验日期等，如图 6 - 29 所示。

（5） 导出Excel：将试验结果导出到已经设置好的 Excel 报表中。

（6） Excel设置：对用于打印的 Excel 报表进行设置。

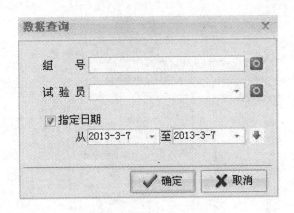

图 6 – 29　数据查询界面

（7）：将试验结果导出到已经设置好的 MasterReport 报告中。

（8）：对用于打印的 MasterReport 报告进行设置。

（9）：可以进入数据分析界面。

（10）：保存界面的布局。

（11）：返回做试验时的界面。

6.7.4.2　记录组号和编号

试验组号或编号部分显示查询到的所有组号及其编号，根节点即为试验组号节点，节点名为组号名。当选中组节点和试验节点时，界面会作相应调整：选中组号节点时，试验界面显示的是与试验组号相关的信息，也就是图 6 – 28 中的 C 显示为组参数项；选中试验编号节点时，试验界面显示的是该编号相关信息，也就是 C 显示为参数项、组参数项、特征点。

6.7.4.3　试样信息栏

当选中试验组号节点时，显示的是试验组信息；当选中试样编号节点时，显示的是试验参数。试验组信息是用来描述类似试验环境、试验概况等与本组试验相关的一些综合信息的。试验参数是试验运行时或计算时需要用到的原始数据、试验运行结束后计算的结果数据等项目。

6.7.5　数据分析界面

单击工具栏上的数据分析按钮即可进入数据分析界面，见图 6 – 30。

在试验数据分析界面上可以完成查询、查看、分析、修改参数的功能，界面

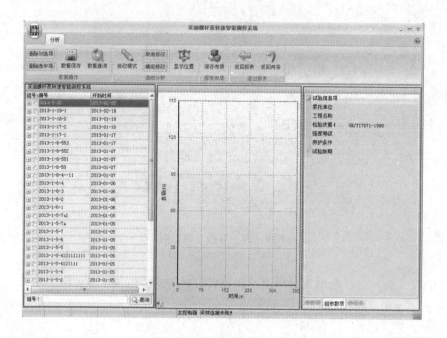

图6-30   数据分析界面

主要由以下几个部分组成：

（1）试验组号和试样编号，查询。

（2）试验曲线。

（3）试验参数、试验组结果、特征点。

6.7.6 曲线分析界面

进入数据分析界面后才能进行曲线分析。工具栏中会出现如图6-31所示的按钮。

（1）修改模式：选中情况下可以对特征点进行修改；修改模式只对当前选中显示编号时有效。

图6-31   曲线分析界面

（2）取消修改：返回到初始或上一次确定修改时的状态。

（3）确定修改：保存对当前编号特征点的修改。

（4）显示位置：在选中的情况下，可以通过鼠标的位置来查看曲线上点的数据。

6.7.7 报表设置界面

通过报表设置，可以设置报表的格式以及建立试验数据与报表间的关联。报表设置主要分两类：Excel 报表和 MasterReport 报表。

6.7.7.1 Excel 报表

我们可以按照需要的格式编辑 Excel 文件，填好除试验数据之外的信息，见图 6-32。当选中的是试验组号时，打印的是整组试验的数据。当选中试验编号时，打印的是选中试验编号的数据。

6.7.7.2 MasterReport 报表

MasterReport 报告是通过一个向导的方式来实现的，只需要根据向导中提供的步骤操作就可以自动生成一个报告模板，将其保存到报告所在路径后就可以在报告打印中使用，见图 6-33。

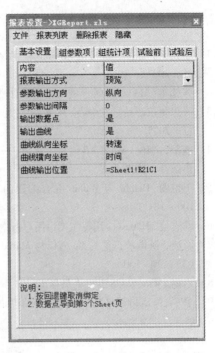

图 6-32 Excel 报表设置界面

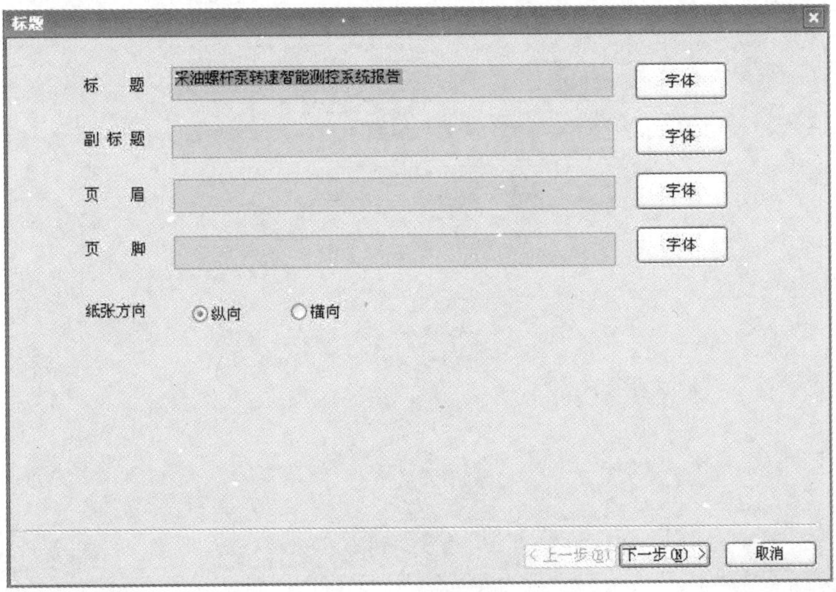

图 6-33 MasterReport 报表设置界面

参 考 文 献

[1] 李俊平，张立，薛海燕．Delphi 程序设计与软件项目开发［M］．北京：清华大学出版社，2007.

[2] 张德丰．MATLAB 神经网络应用设计［M］．北京：机械工业出版社，2009.

[3] 飞思科技产品研发中心．神经网络理论与 MATLAB7 实现［M］．北京：电子工业出版社，2005.

[4] 施阳，李俊．MATLAB 语言工具箱——TOOLBOX 实用指南［M］．陕西：西北工业大学出版社，1999.

[5] 王艳丽．Delphi 与 Matlab 混合编程的 5 种方法［J］．菏泽学院学报，2006，28（2）：100～103

[6] 刘志俭．Matlab 应用程序接口用户指南［M］．北京：科学出版社，2000.

[7] 石波，陈淑珍，沈海鸥．VC 与 Matlab 接口方法的剖析［J］．计算机工程，2000，26（3）：98～100.

[8] 刘鎏．Windows98 开发人员指南［M］．北京：机械工业出版社，1999.

[9] 季军杰．Delphi 与 Matlab 的联合编程研究［D］．硕士学位论文，中南大学，2006.

7 螺杆泵转速优化试验平台构建

为了验证转速神经网络优化模型和开发的转速优化系统的实用性，研制了一台能够模拟实际油井工况下对转速进行优化控制的试验平台。该试验平台是在以环-块式摩擦磨损试验机为主体的基础上，配置了能够模拟实际油井工况的相关功能部件，如转速优化模型、加热装置、磨损间隙测量装置等。

7.1 摩擦磨损试验方法

螺杆泵的核心部件是金属转子和橡胶定子，金属转子在橡胶定子型腔内旋转两者形成动密封，从而把原油源源不断地输送至地面。从摩擦学的角度分析，转子与定子的密封属于动态的摩擦磨损问题，属于定子橡胶在干摩擦（软启动时）、原油润滑（定子与转子之间存在间隙时）下的摩擦磨损问题。为此，近年来人们逐渐开展有关螺杆泵定子橡胶磨损问题的研究以及定子橡胶配方的研制工作[1~10]。下面介绍一下常用的摩擦磨损试验方法。

由于摩擦磨损现象十分复杂，试验方法和装置种类繁多，试验数据受众多因素的制约，往往难以进行比较，所以有人提出建立摩擦磨损试验的标准化问题，以便建立统一试验标准，规范试验方法。近年来，试验方法的标准化已得到越来越多的国家和组织的重视。材料摩擦磨损性能是多种影响因素的综合表现，因而必须严格控制试验条件，规范试验过程以获得可靠的结论。目前采用的试验方法可以归纳为下列三类[11,12]。

7.1.1 实验室试件试验

根据给定的工况条件，在摩擦磨损试验机上对试件进行试验。由于实验室的试验环境和工况这一参数容易控制，因而试验数据的重复性较高，实验周期短，试验条件的变化范围宽，可以在短时间内获得比较系统的数据。但由于实际条件与实际工况的差异，因而试验结果的实用性较差。实验室试验主要用于各种类型的摩擦磨损机理和影响因素的研究，以及摩擦副材料、工艺和润滑剂性能的评定。

7.1.2 模拟性台架试验

模拟性台架试验是在实验室试验所获得的试验结果基础上，根据所选定的参数设计易磨损零件，不需要在实际机器设备上进行操作，只需要模拟机器零件的使用工况条件进行试验。由于台架试验条件接近实际工况，增强了试验结果的可靠性。同时，通过试验条件的强化和严格控制，也可在较短的时间内获得系统的试验数据，还可针对个别因素对磨损性能的影响进行单项研究。台架试验的主要目的在于校验实验室试验数据的可靠性和零件磨损性能设计的合理性。这种模拟试验可以根据给定的工况条件调节各种参数来分别测定其对摩擦磨损的影响，而且测得的数据重现性和规律性较好，便于进行对比分析。在实验室模拟试验状态下还可以通过强化试验条件来缩短试验周期，减少试验费用，可用来对机器元件的材料匹配特性和几何形状特性进行检测评定和优化改进。

这类试验方法得到的结果，有时不能完全反映出实际工况条件下的复杂的摩擦磨损状况，往往不能直接应用，只有精确的模拟试验得到的结果才能有较好的实用性。台架试验由于试验成本过高，而且会受许多干扰因素的影响，用模拟试验方法代替台架试验是必要和经济的。

7.1.3　实际使用试验

在上述两种试验的基础上，对实际零件进行使用试验。这种试验的真实性和可靠性最好，它是检验材料或工艺试验方案最有效的方案。但它也存在严重的缺陷：

（1）实验周期长。由于有些零件需要经过几个月甚至几年的更换周期，如果重复几次试验，势必需要较长时间才能得到有效的结果。

（2）影响因素比较复杂，试验参数不易控制。在实际使用中，经常会在不同工况下运行，由于运行的条件不确定，试验结果受多种影响因素的制约，试验零件磨损量的测量比较困难，因而试验结果的通用性较差。试验数据的精确度不高，所取得的测试数据的重现性较差，随机性较大，不便研究其摩擦磨损的规律性，也难以进行单项因素对摩擦磨损影响的观察。通常这种方法仅作为整机系统的摩擦磨损性能综合评定的一种手段。

（3）花费多、收效少。实际使用试验需要花费较多的人力、物力、财力，试验周期较长，有时收效甚少，得到的常常是一些精确度不高的统计数据。

在20世纪20年代以前，实际工况试验应用比较普遍。随着近几年室内试验测试技术的发展特别是磨损试验机的逐步完善，同时考虑到实际试验的某些困难和缺陷，实验室试件试验和模拟性台架试验已逐步成为检验和优选材料方案的重要手段。

7.1.4　摩擦磨损试验的三个阶段

摩擦磨损试验一般要经过以下三个阶段：

（1）在实验室进行大量的试样磨损试验研究，预选材料、工艺方案及确定有关参数；

（2）在台架试验时，进行实际零件或简化试样的磨损试验，精选实际运转参数的影响及效果；

（3）通过实际使用试验最后校验和确定研究方案实现的可能性及使用效果。

这三个阶段可以根据具体情况来安排和取舍，以确定试验重点和试验方案以及试验方法。实践表明，摩擦磨损试验的试验方法和试验条件不同，试验结果必然差异很大。所以在实验室中进行试验时，应当尽可能地模拟实际工况条件，如滑动速度和表面压力的大小和变化、表面层的温度变化、润滑状态、环境介质条件和表面接触形式等等。对于高速摩擦副的磨损试验，温度影响是主要问题，应当使试件的散热条件和温度分布接近实际情况。在低速摩擦副的试验中，由于磨合时间较长，为了消除磨合对试验结果的影响，可以预先将试件的摩擦表面磨合加工，以便形成与使用条件相适应的表面品质。对于未经磨合的试件，在试验初期，试验数据受试件表面品质的影响较大，数据稳定性差，一般不宜采用。

通过上面的分析，进行螺杆泵定子橡胶的实验室试件试验和模拟性台架试验是非常有必要的，为此需搭建螺杆泵转速优化试验平台。

7.2 摩擦磨损试验机的设计准则

试样试验具有试样几何形状简单、试验参数易控制、试验结果重现性好以及精度高和试验费用低廉等优点，是长期以来研究材料摩擦学性能普遍采用的一种试验方法。但是，试样试验结果与实际工况有较大差别，很难直接应用到工业实际中去。因此，试样试验选取何种试验条件模拟约定实际工程系统、试验结果是否具有较好模拟性就显得尤为重要。

一种模拟原则是模拟磨损条件，即试样试验的条件必须与约定机器零件的实际使用条件一致或相似；另一种模拟原则是模拟磨损原则，即试样试验的磨损形式必须与约定机器零件的实际失效形式一致。以上两种模拟原则都无法获得可以在工程实际中应用的模拟效果。究其原因，前者没有模拟约定零件副的磨损形式，忽略了磨损形式对磨损（量）的影响；后者没有模拟约定零件副的工况条件，忽略了条件对磨损（量）的影响。从现代摩擦学理论分析，这两种模拟原则的共同问题是相同的，即忽略了摩擦副的磨损特性是系统的特性。因此，后续发展的模拟原则是磨损形式这一条件模拟的原则，即同时模拟磨损条件及磨损失效形式，并通过调节其他变量获得所需要的磨损形式。作者在螺杆泵转速优化试验平台的研究中充分考虑了定子橡胶的磨损形式以及磨损条件[13,14]。

7.3 摩擦磨损试验机分类与影响因素

7.3.1 摩擦磨损试验机分类

根据不同的分类标准，可将摩擦磨损试验分为很多种类型。目前主要分类标准有以下三种：

（1）根据载荷范围可分为：超纳米摩擦磨损试验机、纳米摩擦磨损试验机、微米摩擦磨损试验机（10N）、大载荷摩擦磨损试验机（1000kN）；

（2）根据摩擦运动方式可分为：线性往复摩擦磨损试验机、高速线性往复摩擦磨损试验机（振动摩擦磨损试验机）、旋转摩擦磨损试验机、高速旋转摩擦磨损试验机、线性旋转组合摩擦磨损试验机；

（3）根据摩擦副可分为：球盘摩擦磨损试验机、销盘摩擦磨损试验机、盘盘摩擦磨损试验机、环块摩擦磨损试验机、四球摩擦磨损试验机、缸套活塞环摩擦磨损试验机、高频摩擦磨损试验机、高温摩擦磨损试验机、真空摩擦磨损试验机。

7.3.2 摩擦磨损试验机的影响因素

进行摩擦磨损试验的目的是要模拟实际的摩擦系统，在实验室再现摩擦磨损现象及其规律性，以便通过选定参数的测量分析考察图 7 - 1 所示的工作运转变量、润滑变量和气氛变量等对特定摩擦磨损试验系统摩擦元素的影响。因此，摩擦磨损试验机的设计就是要依据这种目的和既定的具体任务要求，构思形成图

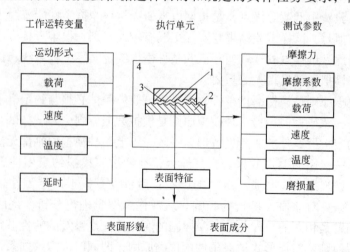

图 7 - 1 摩擦磨损试验的基本系统
1, 2—摩擦元素；3—润滑剂；4—气氛

7-1 所示的基本系统。其工作运转变量一般要求在一定范围内可调，对于测试参数应当根据需要选定[15]。

7.3.2.1 试验条件的影响

（1）运动形式的影响。运动形式与试验机的摩擦副结构有关，两者都是由所要模拟的摩擦副决定的，试验机的摩擦副结构和运动形式一般是固定的，但也有一些多功能试验机的摩擦副和运动形式均可通过添加附件而加以改变。例如，美国 FALEX 公司的多功能试样测试机在添加附件以后，就可以形成球-平面、四球、板-板（面接触）、液体侵蚀、针-盘和滚动四球等多种摩擦副形式。试验机上摩擦副的最基本运动形式一般有以下 4 种，即滑动、滚动、自旋和冲击。在试验机上，对运动形式都有明确的规定，但对运动的位置精度却要求不高，因此这方面的要求可忽略。

（2）负荷的影响。负荷是摩擦磨损试验机的一个重要参数，其在试验过程中一般应当保持稳定。试验机对负荷的精度要求很高，国内试验机负荷示值的相对误差为 ±1%。要满足负荷精度的要求，就必须考虑在试验机上减小加载系统的摩擦阻力。目前摩擦磨损试验机比较常用的加载方式有机械式、液压式和电磁式三种。其中，机械式加载又可分为杠杆加弹簧加载和重物直接加载或以上三种加载形式的组合。杠杆加载和重物直接加载系统的结构简单，载荷稳定，不存在负荷保持的问题，加载精度高，但当摩擦副运动不稳定时却会引起振动和冲击；弹簧加载产生的振动比较小，但是，弹簧加载的精度不高，难于实现负荷精确调整。液压式加载包括动压加载和静压加载两种，但液压加载很难保持负荷稳定。电磁加载易于实现负荷的自动控制，但其弱点是控制部分的成本较高，而且在已有摩擦磨损试验机上使用还比较少。

（3）恒比压的影响。目前使用的多种类型的摩擦磨损试验机，对恒比压有比较高的要求。目前试验机上实现恒比压的方法有：

1）从摩擦副的结构上保证摩擦过程中接触面积不变，借以在负荷不变的条件下实现恒比压。

2）在试验过程中随着接触面积的增大，依照一定的规律增大负荷以实现恒比压。

3）同时测量摩擦副的接触面积和试验负荷，经过数据处理，给出负荷的控制信号，使负荷随着接触面积的变化而变化，从而实现试验过程中的恒比压。这种方式先进、可靠，然而实施难度很大。这是因为试验过程中摩擦副的接触面积不易测量，故其至今尚未得到实际应用。

（4）滑动速度的影响。滑动速度的大小对摩擦磨损具有关键性的意义，因而也是摩擦磨损试验的一个重要参数。滑动速度的方向有单向和往复两种，后者又可以分为摆动式和往复直动式。在试验机上既可以用机械方式（如凸轮机构和曲柄摇杆机构等）实现摆动，也可以由电机（如伺服电机和步进电机）来实现摆动。往复直线运动通常是用曲柄滑块等往复直线运动机构实现的。试验机的速度大小一般都要求可调，所能采用的方式分有级调速和无级调速两种。有级调速是利用变换齿轮或皮带轮速度比等方法实现的。无级调速可通过两种方式来实现：一种是机械式无级调速（如摩擦轮和差动轮系等），但其调速范围不大，另一种是使用无级调速电机进行，这种方式的调速范围很大，如直流伺服电机的调速范围可达 1～2000r/min（下限还可以更低）。当采用电机无级调速时，一般都要求速度稳定，因而常采用速度控制环节实现速度的闭环控制。

（5）温度的影响。温度是摩擦磨损试验的又一个重要参数。有些试验对环境温度有特定的要求，如高温条件或低温条件。高温试验通常采用电阻丝加热，也可以借助于高频加热等。对于高温试验机，既要考虑加热部件和其他部件的隔热问题，又要针对加热温度很高的特定情况同时考虑其加热部件的选材问题。低温试验机常采用适当的制冷方法使试件周围的局部环境保持低温，也可以将摩擦副浸泡在制冷剂中实现低温。

（6）气氛的影响。有些试验研究要求对气氛进行控制（如真空试验）。在只要求控制湿度的场合，简易的办法是将摩擦副部分加一个有较好密封性能的罩子，再在其中放置一些盛水的盒子即可调节湿度。当然，湿度调节也可以在湿度传感器控制下自动地进行。此外，用于真空条件下摩擦磨损研究的试验机对真空度的要求较高。实现真空可以使用真空泵，密封问题很重要，尤其动密封往往是令人头疼的问题。为了提高真空度，有些试验机上采用了磁力传动，借以少用或不用动密封。

（7）试验时间的影响。试验时间一般是依具体情况而定的，大多数试验机没有配备定时装置。如要在试验机上实现时间控制，可以采用定时器控制动力源，也有的是根据摩擦力或摩擦力矩的极限值来控制停机。这种控制方法对试验机也起着过载保护作用。

7.3.2.2 测量参数的影响

（1）试验负荷的影响。试验机一般都要对试验负荷进行测量，所采用的测量方式往往随加载方式的不同而不同。机械式杠杆—砝码加载可以直接根据加载砝码得到负荷值（如 Timken 试验机），机械式弹簧加载可以根据游标显示的弹簧变形确定负荷值（如 AMSLER 试验机），液压加载可以通过加载油缸的压力换算得到负荷值（如 MQ-800 型四球式摩擦试验机）。然而，不论在哪种加载方式下，都可以利用负荷传感器直接测量负荷值。负荷传感器应当安装在尽量靠近摩擦副的位置上，以避免或减小导向部分摩擦力引起的测量误差。

（2）摩擦力（摩擦系数）的影响。在试验机上，摩擦力（或摩擦力矩）和摩擦系数一般只测一项。例如，在已知负荷 P 的情况下，只要测出摩擦力 F，就

可以根据公式 $\mu = F/P$ 求出摩擦系数的数值。这可以利用微机或数字电路实现运算处理。测量摩擦力常用的方法一般有两种，即测量作用在驱动轴上的扭矩，或者是借助于弹性元件测定作用在固定件上的力。在采用第二种测量方法测量摩擦力时，由于固定件在沿摩擦力方向自由运动时必然要传递法向力，所以当将其安装在滚动轴承之类的低摩擦装置上，以使附加的摩擦力尽可能地减小，从而保证摩擦力的测量精度。摩擦扭矩可以采用扭矩传感器进行测量，其安装位置既可以是在运动轴上，也可以是在固定轴上。当把扭矩传感器安装在运动轴上时，需要确保传感器的信号输出良好。在试验机上，通常是将摩擦扭矩转换成拉力或压力对其进行测量，但要注意使转换机构造成的误差不得超过允许值。

（3）速度的影响。在有些试验机上还要求对速度进行测量，可以采用的测速装置有测速发电机和光电传感器等。记录转数最常用的是机械式计数器。

（4）测温方法的影响。摩擦磨损试验需要测量的温度有环境温度、润滑剂温度和摩擦副的摩擦面温度，其中不易测量的是摩擦面温度（因为它不暴露在外面）。在试验机上常用的测温方法有热电偶法和红外测温法。用这两种方法测得的摩擦面温度都是近似值。这是因为热电偶无法安装在摩擦面上，而只能安装在靠近摩擦面的位置上；而红外测温法则只能测得摩擦面边界上的温度或试件的体温。如果能够知道试件温度的分布情况，那就可以对测温结果进行修正，从而使测量误差减小。为了消除或减少以上原因产生的误差，在实测时可以把实际试件之一（或两件）组合成热电偶的一部分，这就是所谓的"自然热电偶"测温法。这种方法原则上可以直接从摩擦面取得温度信息，然而这个信息不仅会受到由于润滑剂作用所产生的界面电动势的影响，而且在多触点的循环电流对它也有影响。因此，在现有的试验机上很少使用这种测温方法。

（5）磨损量的影响。磨损量是磨损试验中都要测量的一个参数。目前，磨损量的在线检测尚有困难，以往都是将试件取下再测量磨痕或称量失重而得之。现在，有人采用电测法或光栅对摩擦副在磨损过程中的相对位移进行测量，以此实现磨损量的在线检测。

（6）重复性和再现性。摩擦磨损试验机能否给出重复性和再现性都比较好的试验结果，取决于每次试验用的试杆和试验环境条件（包括仪器的工作状态）是否都能保持一致。西德 Optimol 公司的 SRV 型标准化微动式摩擦磨损测试机之所以能够给出较好重复性和再现性的试验结果，就是因为它的关键部件——振动系统和力监测系统的工作状态非常稳定。为了使试验条件稳定，就要从动力源和试验机结构上保证负荷及速度等工况稳定，同时还需要测试系统稳定，应能准确地测出工况参数，以便于调整。此外，合理的摩擦副接触形式也是取得较好重复性和再现性试验结果的重要因素之一。一般说来，点接触比面接触受外界的影响小，因而在相同条件下，点、线接触有利于再现摩擦副的接触状态。

7.4 螺杆泵转速优化模型参数在试验平台的实现

试验平台的控制部分主要实现螺杆泵转速优化模型的调用与优化转速的输出、各种试验参数的测量与实时反馈、数据的处理等。在前面的第4章已经详细介绍了采油螺杆泵转速优化系统的软件、硬件开发,实现了对试验平台的系统控制。下面详细介绍螺杆泵主要影响因素,如温度、原油黏度、泵端压差及排量等在试验平台的实现以及测量。

7.4.1 温度

原油的温度是由温控仪控制的。在控制界面上设置温度值后,温控仪控制加热元件进行加热,当达到设定温度后维持稳定。同时,原油的温度通过温度传感器实时反馈给测控系统。

7.4.2 原油黏度

黏度是液体介质的一个重要性能指标,表示液体的流动特性,极大地影响着定子与转子之间的摩擦与润滑。黏度可通过黏度计直接测量,同时通过黏温曲线可以得知不同温度下原油介质的黏度。

7.4.3 泵端压差

泵端压差在实际工况中是通过井下传感器测得的。泵端压差的存在致使橡胶的压缩变形,因此在试验平台上将泵端压差转化为定子橡胶的受载。在加载装置中设置了压力传感器。

7.4.4 排量

螺杆泵的排量可实际测量,通过排量与螺杆泵容积的比较可以得知螺杆泵的漏失率,进而得知定子橡胶的磨损情况。为此,在试验平台上通过橡胶在磨损过程中产生磨损间隙来间接反映螺杆泵的排量问题,在加载装置中设置了位移传感器。

7.5 试验平台总体技术要求

为了满足螺杆泵转速优化、控制的试验条件要求,螺杆泵转速优化试验平台必须具有良好的使用性能和工作稳定性,具体的功能为:

(1) 能够为螺杆泵转速优化和控制研究提供稳定的和精确的试验平台;

(2) 能够模拟实际油井工况条件下螺杆泵转子与定子的摩擦磨损情况,并且可以对各试验参数(如转速、载荷、温度、时间等)进行实时测量和调节;

(3) 能够实现螺杆泵转速神经网络模型的建模和实时调用,对转速进行优化，并以此对电机转速进行实时控制。

作者对试验机的整体设计、加工、制造和装配过程都提出了很高的技术和精度要求。根据这一原则，其主要参数必须达到以下设计要求：

（1）信号采集。可以通过压力传感器、扭矩传感器、位移传感器和温度传感器对各种信号进行精确采集，通过下位机传送给上位机处理，在用户界面上实时显示并进行保存；

（2）神经网络模块调用。能够实现神经网络模型的构建，并调用神经网络模块进行转速优化。

（3）速度。试验机主轴最大转速不能低于1500r/min，而且转速要求连续可调。同时为了保证提供充足的试验时间，要求试验机在最大转速下连续工作时间不小于4h。

（4）加载。要求加载系统能提供持续、稳定的加载力，加载精度不低于给定值的±2%，加载系统承受的最大载荷不小于1000N。

（5）安装精度。为保证试验过程的平稳，试验机运动部件必须具有高的同轴度和直线度，要求在安装方向1m的长度内，同轴度、直线度静态误差不超过0.02mm，动态误差不超过0.05mm。

（6）振动和噪声。试验机必须具有良好的减震性，以降低振动对试验的影响。

7.6 试验平台整体结构布局与工作原理

7.6.1 整体结构布局

为了模拟在实际油井工况下螺杆泵定子橡胶的摩擦磨损状况，利用现有机械、材料、电子和计算机等技术，构建螺杆泵转速优化试验平台，其示意图如图7-2所示。

从图7-2中可以看出，螺杆泵转速优化试验平台主要分为机械部分和控制部分，其中机械部分主要由环-块式摩擦磨损试验机构成，包括环-块结构、传动机构、加载装置和加热装置等；控制部分主要由各种试验参数的测量、数据处理及转速控制部分构成，包括计算机、交流伺服电机、步进电机、测控系统和传感器等组件。螺杆泵转速优化试验平台的核心部分是测控系统中上位机的数据处理和下位机的控制两个部分。

7.6.2 工作原理

螺杆泵转速优化试验平台主要用来研究转速的变化对定子橡胶摩擦磨损情况的影响问题。该试验平台的机械部分为环-块式摩擦磨损试验机，其工作原理简

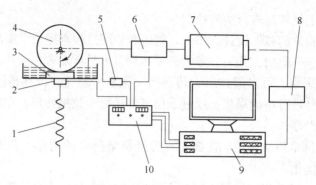

图 7 – 2   螺杆泵转速优化试验平台总体方案示意图

1—加载装置；2—压力传感器；3—试样块；4—试样环；5—温度传感器；6—转矩传感器；

7—交流伺服电机；8—交流伺服驱动器；9—计算机；10—测控系统

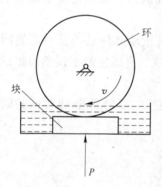

图 7 – 3   环 – 块式摩擦磨损
试验机的工作原理简图

图如图 7 – 3 所示。从图中可以看出，圆环与试样之间属于线接触式摩擦配副。试验环由电机带动，试验块则由夹具固定，处于静止状态。圆环和试样之间形成一对摩擦副，通过调整圆环中心与试件之间的距离，形成加载效应，借此研究它们之间的摩擦磨损情况。通过调整加载装置改变载荷、调节温控装置改变温度、调节料筒中的原油黏度改变润滑状态等操作，能够达到模拟不同工况条件下螺杆泵转速变化对定子橡胶摩擦磨损影响的目的，为螺杆泵转速优化的研究提供了试验条件。

试验平台控制部分的工作原理是利用网络通讯方式使上位机和下位机之间进行通信，由上位机将转速变化指令发送给下位机，经转换为高低电平信号后控制驱动装置，进而实现环 – 块摩擦副之间线速度的实时变化。当转速发生变化后，试验机中的各种传感器将测得的参数信号传送给下位机，经转换调整后返回上位机，随后显示在用户界面中。上位机在控制部分中是核心，试验过程由上位机内编写的程序控制，可以设置试验过程的速度、时间、温度、载荷等参数，并且实时显示各种试验数据，经保存后可供数据分析使用。

7.7   试验平台系统组成

常见的摩擦磨损试验机主要由以下 5 个部分组成。

（1）试验部分（被试摩擦副）：这是代表试验机特征的最基本要素。如果摩擦副由试块构成，就成为小样试验机；如果由实样构成，就成为实样试验机；摩擦副除了接触形式，几何尺寸等重要参数外，对偶的材质也是十分重要的参数。

（2）传动部分：传动部分由电机和传动系统组成，使对偶件具有适当的速度（转速）和足够的力矩。

（3）加载部分：为试验部分提供所需的正压力。加载的方式可以是重力（砝码）、液压、气动、惯量等。如果直接用电机输出加载，也可称为电模拟加载。

（4）控制部分：一般由电控系统组成，实现按一定程序控制试验机完成预定目的测试。具体包括转速控制、加载控制、测量控制、试验条件控制（如冷却、加热等）、数据采集控制等。

（5）测量部分：摩擦材料试验机测量的量主要有正压力、摩擦力矩、转速、温度。这是每种试验机都必须测量或设定的。通过这些量的测量，进而计算出摩擦系数、摩擦功、摩擦路程或更多需要的信息。有时也需要测量风速、噪声等。

为此，按照这个设计思路，设计了试验机总体结构，如图7－4所示，下面分别介绍。

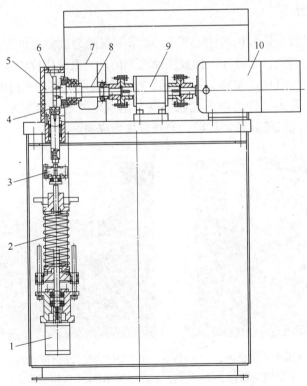

图7－4　环－块摩擦磨损试验机的总体结构

1—步进电机；2—加载弹簧；3—压力传感器；4—橡胶试样；5—料筒；6—金属圆环；
7—主轴箱；8—传动轴；9—扭矩传感器；10—交流伺服电机

7.7.1　试验部分

环 – 块式摩擦磨损试验机的摩擦副部分主要由金属环和橡胶块组成。金属圆环的材料一般为 40Cr，也可以是 45 钢表面渗铬。它的结构采用可调节尺寸设计，金属内环尺寸为 $\phi20mm$，外环尺寸可调，范围为 $\phi40 \sim 100mm$。橡胶试样的基本尺寸为 $40mm \times 25mm \times 6m$，若选用其他尺寸，可通过调整夹具的尺寸实现。橡胶试样的材料一般为丁腈橡胶、氟橡胶、氢化丁腈橡胶等。环 – 块式摩擦磨损试验机中金属圆环和橡胶试样安装后的结构（去除盖板后），其实物图如图 7 – 5 所示。摩擦过程中橡胶试样安置于夹具内并处于相对静止状态，金属环安装于主轴上并随主轴一起旋转。

为了实现螺杆泵定子橡胶的磨损工况，环 – 块摩擦副可处于润滑状态，只需在图 7 – 5 所示的箱体上合上盖板即可，原油介质可从油槽上部加入。当试验完成后，原油可从图 7 – 5 左下侧所示的阀门泻出。

7.7.2　传动部分

传动部分是整个试验机的"心脏"，要求不仅能为试验提供充足的动力，还要方便进行速度调控。金属环 – 橡胶块摩擦副的动力系统由交流伺服电机、传动轴、联轴器等结构组成，如图 7 – 6 所示。交流伺服电机由交流伺服驱动器控制，为传动装置提供动力。传动轴通过联轴器与电机轴相连，金属环安装在传动轴上。金属环随着电机轴旋转而转动，与橡胶块形成对磨副。

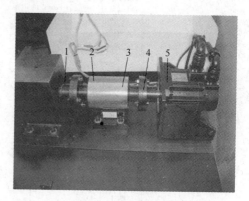

图 7 – 5　金属环 – 橡胶块式
对磨副安装后的实物图

图 7 – 6　动力传动装置实物图
1—联轴器；2—扭矩传感器；3—传动轴；
4—电机轴；5—交流伺服电机

考虑到试验机自身的动力需求和对速度参数的要求，交流伺服电机选用的型号为 TSB13102B（1kW），具有发热低、体积小、重量轻、灵活适应用户系统等特点。电机在高速旋转时产生很大的震动，必然引起整个试验机的共振，如果试验机本身没有很好的减震、抗震性能，必然会导致试验结果缺乏准确性。为降低电机在高速旋转时产生的震动，在电机安装平台上设计有机械张紧调整装置，并在电机下加装专用防震橡胶垫，吸收电机在工作时产生的震动。

7.7.3 加载部分

加载部分是试验机的重要组成部分，要求加载系统必须能够提供稳定的加载载荷，保证摩擦副接触平稳；同时要求加载反应灵敏，在给定加载信号后能及时施加载荷；为避免试验中试样在受到冲击时产生与试验盘接触脱离的现象，还要求加载系统有一定的刚度，能承受小冲击而不产生大的振动。在考虑环－块式摩擦磨损试验机中环－块结构的特点、性能要求以及工况条件的情况下，本书选择直接式加载方式以确保试验结果的准确性。

根据环－块式摩擦磨损试验机中环－块结构的特点来设计加载装置的结构，首先选择弹簧机构进行加载，然后通过加载丝杆的旋转可以对弹簧进行拉伸和压缩，进而改变载荷的大小，环－块式摩擦磨损试验机加载装置实物图如图7－7所示。从图7－7中可以看出，试验机加载装置主要由弹簧、盖板、支承杆、加载丝杆、步进电机和压力传感器组成。加载装置具体的工作过程：由步进电机旋转带动加载丝杆转动，盖板随着加载丝杆的转动而上下移动，进而使弹簧进行拉伸和压缩以改变载荷的大小；经压力传感器测量后，将加载的数据传递给控制系统，在试验过程中不断调整步进电机的转动，可以使施加的载荷保持在一定范围内。

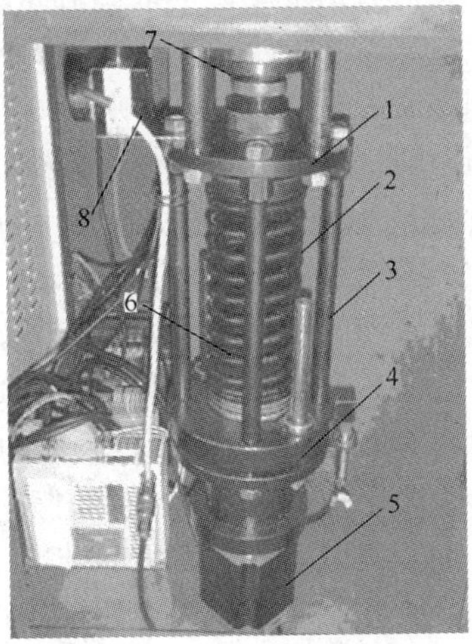

图7－7　加载装置实物图

1—上盖板；2—弹簧；3—支承杆；

4—下盖板；5—步进电机；6—加载丝杆；

7—压力传感器；8—位移传感器

7.7.4 控制部分

试验机要正常工作，各分系统必须按照指定的参数运行，并依据实时的反馈信号进行交互调节。在摩擦磨损测试过程中，预先设定当前试验的转速和运行时间，实时获取各种试验参数，掌握试验状态，由配套的软硬件对试验过程进行交互控制，以保证设备的安全运行和试验结果的准确性。

螺杆泵转速优化系统在I/O硬件方面配备了EDC－3100测控系统，由一套主机和一套从机组成。该测控系统主要包括以下几个部分：主控ARM采用德州仪器32位Cortex M3处理芯片进行高速采集及控制；二路模拟量传感器通道采用24位ADC芯片，有效内码±200000，最高测量范围0.4%~100%FS；二路数字量传感器通道采用四倍频编码器采样电路。同时，该测控系统使用100M以太网进行通讯，能够达到最高2M的高速采样和最高50Hz的控制频率，并配有智能多功能手控盒接口（包含升、降、快、慢、运行、停止等功能）。

螺杆泵转速优化系统配备了联想启天M4360型台式电脑，其配置为Intel奔腾双核G640处理器，内存2GB，250G硬盘，核心显卡，配有扩展插槽。该型号电脑以网络HUB的形式与测控系统相连接，并装有本书设计的采油螺杆泵转速优化系统软件，能够满足系统开发要求。

7.7.5　测量部分

因本试验机主要考察螺杆泵转速优化前后的磨损间隙比较，所以螺杆泵转速优化值的获得是一个重要指标，因此非常关注转速优化模型参数的采集和处理。

数据采集处理系统所需的传感器包括压力传感器、扭矩传感器、位移传感器和温度传感器，分别用来实时测量加载时的压力、摩擦时的扭矩、摩擦时的间隙和温度变化情况。各种传感器的具体型号为：压力传感器选用TJH-4D，额定载荷为1kN，综合精度为0.02，灵敏度为2.0mV；扭矩传感器选用JNNT动态扭矩传感器，额定载荷为10N·m，综合精度为0.1，灵敏度为1.0mV；位移传感器选用KS40-10000P型拉线编码器，最大行程为2000mm，线性精度最大0.05%，可达到1μm；温度传感器选用Pt100，温度范围可达-200~+200℃，测量误差为0.1℃。将通过传感器采集的信号传递给人工神经网络模型，通过计算获得的转速优化值传递给交流伺服电器进行磨损测试，从而实现了螺杆泵的转速优化。

试验过程中不仅可实时显示摩擦力、摩擦系数和温度的数值及变化曲线，还能显示设备运行状态并在摩擦参数超过预警值时提供报警信号提醒试验人员。本数据采集处理系统可非常方便地分析处理试验数据，并自动以Excel表格形式（默认文件名为当前系统时间）生成试验报告，还可提供历史数据查询和显示。

7.7.6　加热部分

环-块式摩擦磨损试验机的加热装置是为了模拟实际油井工况下温度不断变化而设计的。温度是摩擦磨损试验中重要的影响参数，加热均匀、稳定的加热系统为试验的准确性提供保障。试验机的加热装置采用间接电阻加热的方式，加热装置设计在试验机工作油槽的盖板上，发热元件和被加热物体之间可以用螺丝紧固，其结构如图7-8所示。原油的温度是通过安装在油槽底部的热电偶测量。

图7-8　加热装置实物图

7.8　试验平台的功能

图7-9显示为螺杆泵转速优化试验平台。该平台可实现如下功能：

（1）能够为螺杆泵转速优化和控制研究提供稳定和精确的实验平台；

（2）能够模拟实际油井工况条件下螺杆泵转子与定子的摩擦磨损情况，并且可以对各试验参数（如转速、载荷、温度、时间等）进行实时测量和调节；

（3）能够实现螺杆泵转速神经网络模型的建模和实时调用，对转速进行优化，并以此对电机转速进行实时控制。

图7-9　环-块摩擦磨损试验机的整体外观

7.9　试验平台验证试验

众所周知，橡胶的磨损量通常随转速的增加而增加且呈线性关系。为了验证

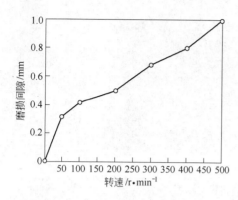

图 7-10 转速与磨损间隙关系图

螺杆泵试验平台的可靠性，进行了干摩擦条件下不同转速的橡胶磨损测试。橡胶磨损量（即磨损间隙）由试验机中的位移传感器测量。具体的试验参数为：载荷设定为60N，转速分别设置为50r/min、100r/min、200r/min、300r/min、400r/min和500r/min，总转数为30000转。其磨损试验结果如图7-10所示。从图中可以看出，转速与磨损间隙之间基本呈线性关系，从而证实了该试验机的可靠性。

参 考 文 献

[1] 杨兆春，周海，姚斌，等. 单螺杆泵定子磨损分析 [J]. 流体机械，1997，27（7）：20～23.

[2] 梁肇基，崔平正. 单螺杆泵定子磨损的分析及改善措施 [J]. 流体工程，1991，27～40.

[3] 王力兴，王卓飞，高毅. 稠油计量站单螺杆泵定子磨损规律与基本参数匹配 [J]. 油气田地面工程，2001，20（5）：69～70.

[4] 杨秀萍，郭津津. 单螺杆泵定子橡胶的接触磨损分析 [J]. 润滑与密封，2007，32（4）：33～35.

[5] 杨兆春，周海，姚斌，等. 输送水煤浆的单螺杆泵定子磨损机理分析 [J]. 润滑与密封. 1999，4：37～39.

[6] 金红杰，吴恒安，曹刚，等. 螺杆泵系统漏失和磨损机理研究 [J]. 工程力学，2010，27（4）：179～184.

[7] 张嗣伟. 橡胶磨损原理 [M]. 北京：石油工业出版社，1998.

[8] 吕仁国，李同生，刘旭军. 橡胶摩擦磨损特性的研究进展 [J]. 高分子材料科学与工程，2002，18（5）：12～15.

[9] 郁文正，梁德山. 螺杆泵定子橡胶的新发展 [J]. 国外石油机械，1997，8（4）：42～46.

[10] 朱国新，谢西奎. 螺杆钻具定子橡胶类型与钻具性能分析 [J]. 石油矿场机械，1998，27（5）：22～25

[11] 温诗铸，黄平. 摩擦学原理（第二版）[M]. 北京：清华大学出版社，2002.

[12] 盛永世. 内燃机缸套－活塞环双联摩擦磨损试验机的研究 [D]. 硕士论文. 大连海事大学，2012.

[13] 朱峰. 对置往复式摩擦磨损试验机研制及其试验 [D]. 硕士论文. 大连海事大学，2011.

[14] 常桂林，沈健. 摩擦磨损试验机设计基础 [J]. 固体润滑，1990，10（2）：120～136.

[15] 刘立平. 往复式摩擦磨损试验机的研制 [D]. 硕士论文. 兰州理工大学，2006.

8 螺杆泵转速优化试验测试

8.1 引言

为了验证螺杆泵转速神经网络模型优化结果的实效性，利用本书设计开发的螺杆泵转速优化试验平台进行试验研究，螺杆泵转速优化试验平台的建立为转速优化模型的实际应用提供了可能，以金属环与橡胶块之间磨损间隙的大小作为评价转速优化值与实际转速值应用比较的标准。在试验测试中设置温度、原油黏度、载荷（即泵端压差）等试验参数后，调用不同种类的转速优化模型，进行磨损测试对磨损间隙（即排量）结果进行分析比较，进而优选出最优异的转速优化模型。

8.2 试验材料及试验机调试

8.2.1 试验材料

（1）试验环：外径为 80mm，内径为 40mm，厚度为 12mm 的金属圆环，材料为 45 号钢表面镀铬，表面粗糙度为 $Ra = 0.28$mm。

（2）试验块：尺寸为 40mm × 25mm × 6mm。橡胶样块材料为耐油橡胶（如丁腈橡胶、氟橡胶等）。

8.2.2 试验机调试

在试验机开始运行前需要对其进行调试。调试内容主要有两方面：一方面是在试验机加载前通过预紧螺母对环－块摩擦副施加一定的预紧力；另一方面是对螺杆泵转速神经网络模型的程序进行调试。

8.2.2.1 加载前对环－块摩擦副的预紧操作

试验机加载前需对环－块摩擦副进行预紧操作，具体的过程是：通过旋转预紧螺母带动压力传感器下面的托盘上下移动，压力传感器上面的顶杆也随之移动，可以达到对环－块摩擦副进行预紧的目的。观察试验机测试系统中压力参数的数值变化，反复调节预紧力的大小，以确保环－块摩擦副之间的预紧力为合适的数值。如果环－块摩擦副之间的预紧力过大，容易导致在试验过程中加载装置无法保持载荷稳定；反之，如果环－块摩擦副之间的预紧力过小，容易导致加载装置无法达到设定的载荷。因此，为保证试验结果的准确和可靠，必须确保环－块摩擦副之间的预紧力为合适的数值（一般为 10～20N）。

8.2.2.2　神经网络程序的调试

为确保螺杆泵转速神经网络模型优化结果的准确性，在试验开始前需要对神经网络程序进行调试。为了获得更好的精度，需要选择适当试验数据作为神经网络的学习样本。为了提高神经网络的收敛速度，可以适当改变神经网络模型中隐含层神经元的个数、传递函数、训练函数、学习速率、目标值等。经过不断调试，将训练好的神经网络模型保存下来，以便在试验过程中随时调用。

8.3　试验步骤

螺杆泵转速优化结果检验平台的试验步骤为：

（1）安装试验环和试验块。将按尺寸要求加工好的试验环和试验块安装在试验机上，对环－块摩擦副施加一定的预紧力。

（2）打开主电源开关。使步进电机（加载装置）和交流伺服电机（传动装置）处于启动待命状态。

（3）调试优化系统的硬件设备。检查试验机优化系统硬件装置（如传感器、上位机和下位机）的通讯是否良好，将正确设置的联机方式和参数输入后，进入试验机优化系统主界面。

（4）设置试验参数。试验过程中需要设置的参数包括：载荷、温度、转速等，将设置好的参数或文件添加到设定的位置或路径，并确定试验结果的名称和路径。

（5）开始试验。在试验机优化系统主界面中，点击"运行"按钮后，试验机按照设定值进行加载；当载荷达到设定值后，交流伺服电机开始启动，并按照设定转速运转；然后点击"采集"按钮，试验机优化系统开始进行数据采集。

（6）试样磨损后的数据分析。在试验机优化系统的后处理界面中，对试验结果进行数据分析，比较不同试验条件下试样的摩擦磨损情况。

8.4　试验方案

螺杆泵转速优化试验研究的目的是从不同角度来验证螺杆泵转速神经网络模型优化结果的有效性。通过采用实际转速和神经网络模型优化转速分别对橡胶试样进行摩擦磨损试验，经过位移传感器测量后得到橡胶试样的磨损间隙，对比其曲线就可以判断螺杆泵转速优化结果的有效性。因此，本书试验研究的方案主要有两种形式：分别是变时间－变转速试验和定时间－变转速试验。下面分别对这两种试验方案进行介绍。

8.4.1 变时间－变转速试验方案

为了验证螺杆泵转速神经网络模型的优化结果，本书在研究螺杆泵转速影响因素的基础上开展了大量试验研究（部分原始数据见表5－6），本章试验测试数据均来自此。根据上述原始数据进行试验研究，变时间－变转速试验方案为：首先，在设置好各试验参数的前提下，按转速的原始数据顺序依次对橡胶试样进行磨损，并记录下磨损到原始数据中磨损间隙设定值的时间；然后，采用螺杆泵转速神经网络模型对转速进行优化，同样按照试验数据的优化顺序依次进行磨损试验，每组转速磨损的时间为上一步骤磨损试验记录的时间；最后，经过数据分析处理，将原始数据中磨损间隙曲线和按照优化转速磨损后的磨损间隙曲线进行比较。变时间－变转速试验方案的流程图如图8－1所示。

8.4.2 定时间－变转速试验方案

定时间－变转速试验方案与上一个方案基本类似，具体的过程为：首先，在设置好各试验参

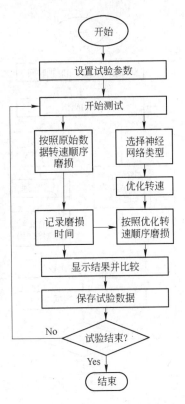

图8－1　变时间－变转速
试验方案流程图

数的前提下，将每组转速的磨损时间统一设定为固定值，按照转速数据顺序依次对橡胶试样进行，磨损时间可根据实际情况进行调节，其次，采用螺杆泵转速神经网络模型对转速进行优化，输入每组实际转速对应的影响因素（温度、黏度、压差和磨损间隙）到网络模型中进行转速优化（例如，输入第一组转速影响素的数据来优化第二组的转速，以此类推，直到优化完所有的转速），每组优化转速的磨损时间与上一步骤的磨损时间相同；最后，经过数据分析处理，将实际转速和优化转速在固定时间内的磨损间隙曲线进行比较。定时间－变转速试验方案流程图如图8－2所示。

8.5 试验结果及分析

8.5.1 变时间－变转速试验结果与分析

在本书设计的螺杆泵转速优化试验平台上，采用变时间－变转速试验方案分别对四种螺杆泵转速神经网络模型进行试验研究，并对结果进行分析。试验的具

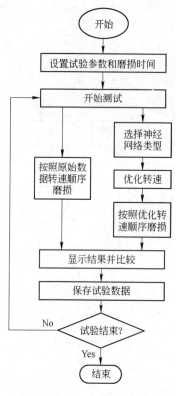

图 8-2 定时 - 变转速
试验方案流程图

体过程是：

（1）将原始数据中磨损间隙和转速的数据输入到螺杆泵转速优化系统软件所指定的文件格式中，并保存到相关路径；

（2）将试验环和块安装到试验机上，并在施加一定的预紧力后对试样进行加载，本书试验中加载的载荷为60N，加载速度为6N/s；

（3）在优化系统软件界面中选择控制方式为"自动（记录时间）"的方式，当载荷达到设定值并趋于稳定时，点击"运行"开始进行磨损试验；

（4）当达到试验结束条件时，点击"停止"按钮，优化系统自动将磨损时间记录下来；

（5）将螺杆泵转速神经网络模型的优化转速输入到指定文件格式中，重复步骤（2）~步骤（3）的操作，当满足试验结束条件时，点击"停止"按钮，整个试验过程结束；

（6）在优化系统软件的后处理界面中，将前后两次试验的各参数曲线进行对比分析。

下面分别对四种神经网络模型的试验结果进行评价分析。

8.5.1.1 BP神经网络模型

基于BP神经网络模型的螺杆泵转速优化的试验结果，如图8-3所示。图8-3a为交流伺服电机转速的调节过程，图8-3b为前后两次试验的磨损间隙对比，图8-3c和图8-3d分别为前后两次试验的载荷对比和摩擦力对比。

从图8-3a中可以看出，实际转速与优化转速随时间的变化趋势基本一致，且优化转速小于实际转速。而从图8-3b中可以看出，采用优化转速进行磨损试验时所产生的磨损间隙较小，这说明在相同情况下利用BP神经网络模型对螺杆泵转速进行优化，能够实现降低螺杆泵定子橡胶磨损量，达到延长螺杆泵采油系统使用寿命的目的。此外，从图8-3c和图8-3d中可以看出，在两次试验过程中，载荷保持的趋势基本相同且摩擦力的数值比优化前有所降低。

8.5.1.2 RBF神经网络模型

螺杆泵转速优化RBF神经网络模型的试验结果，如图8-4所示。由于RBF神经网络的精度较高，并且优化的转速与实际转速基本相同，所以从图8-4a中可以看出前后两次试验的调速过程基本重合。同时，从图8-4b中可以看出试验

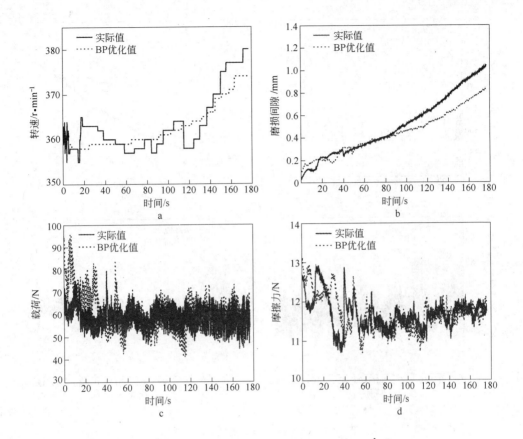

图 8 - 3 BP 神经网络模型试验结果

时磨损间隙的变化趋势基本一致，而且磨损间隙没有明显变化。同时，图 8 - 4c 和图 8 - 4d 曲线的变化趋势也反映了橡胶试样在磨损过程中没有发生明显变化的实际情况。

8.5.1.3 Elman 神经网络模型

螺杆泵转速优化 Elman 神经网络模型的试验结果，如图 8 - 5 所示。在调速过程中，虽然基于 Elman 神经网络模型优化出的转速整体上略低于实际转速（如图 8 - 5a 所示），但是试验后的磨损间隙却与实际值相差不大（如图 8 - 5b 所示）。这是因为在干摩擦过程中伴随着摩擦生热导致金属圆环的温度升高，容易造成橡胶软化加剧磨损，所以试验开始时的磨损较大。但是，在试验后期的磨损间隙曲线逐渐降低，这说明利用 Elman 神经网络模型优化螺杆泵转速能够产生一定的效果。从图 8 - 5c 和图 8 - 5d 中同样可以看出，载荷的保持比较稳定且摩擦力没有较大的波动，这说明在试验后期磨损间隙的变化有小于实际值的趋势。

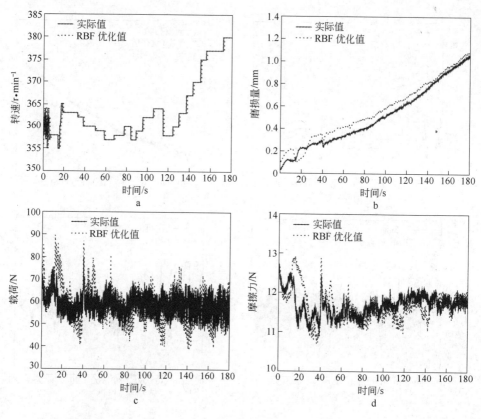

图 8-4 RBF 神经网络模型试验结果

8.1.5.4 基于遗传算法的神经网络模型

基于遗传算法神经网络模型优化螺杆泵转速（简称 GA-BP 神经网络）的试验结果，如图 8-6 所示。从图 8-6a 中可以看出，采用遗传算法神经网络模型优化出的转速变化范围较小，调速过程基本属于匀速。由于优化转速整体上大于实际转速，所以磨损间隙的变化大于实际值（如图 8-6b 所示），其趋势与图8-5b 的曲线基本一致。但是，图 8-6c 所示的载荷变化并不如图 8-5c 所示的载荷稳定，并且图 8-6d 所示的摩擦力也不如图 8-5d 所示的摩擦力波动小，这些都说明采用 GA-BP 神经网络模型进行调速控制的试验结果不如其他神经网络模型。

8.5.1.5 四种神经网络模型试验结果的比较分析

综上所述，采用变时间-变转速试验方案对四种不同的神经网络模型进行试验研究，经过比较分析可知：

（1）采用 BP 神经网络模型进行调速控制获得的试验结果优于其他神经网络

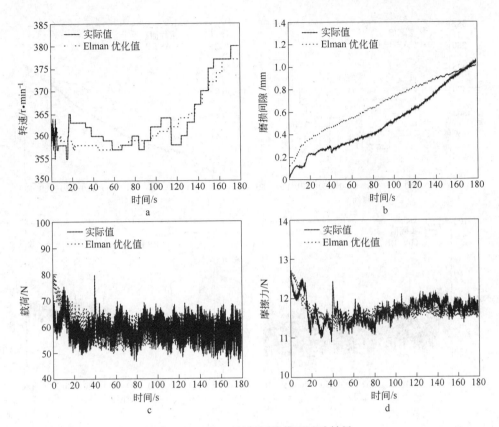

图 8-5 Elman 神经网络模型试验结果

模型的试验结果，并且当神经网络模型的优化转速整体上小于实际转速时，试验后得到的磨损间隙一定是优化值小于实际值；

（2）在调速过程中，载荷与摩擦力的变化对试验结果有一定的影响；

（3）由于变时间－变转速试验方案的磨损时间自动记录且没有规律，调速时按照磨损时间进行磨损使载荷或摩擦力瞬时发生变化，容易导致试验结果与实际值有偏差。

8.5.2 定时间－变转速试验结果与分析

在本书设计的螺杆泵转速优化结果试验平台上，采用定时间－变转速试验方案，分别对四种螺杆泵转速神经网络优化模型进行试验研究，并对其结果进行分析。试验的具体过程为：

（1）将螺杆泵采油系统工况的模拟参数输入到螺杆泵转速优化系统软件所指定的文件格式中，并保存到相关路径；

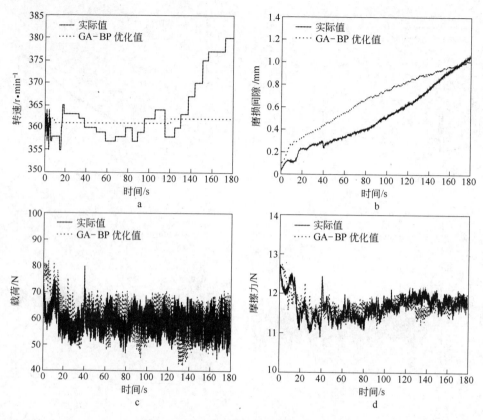

图 8-6 GA-BP 神经网络模型试验结果

（2）将试验环和块安装到试验机上，并在施加一定的预紧力后对试样进行加载，本书试验加载的载荷为 60N，加载速度为 6N/s；

（3）在测试系统软件界面中选定神经网络类型，点击"建模"按钮进行神经网络模型的构建，之后点击"优化"按钮优化转速，最后点击"载入"按钮将建立好的神经网络模型载入到优化系统；

（4）待调节时间设定完毕后对橡胶试样进行加载，当载荷达到设定值并趋于稳定时，点击"运行"开始进行磨损试验；

（5）当达到试验结束条件时，点击"停止"按钮，整个试验过程结束；

（6）在优化系统软件的后处理界面中，将前后两次试验的各参数曲线进行对比分析。

下面分别对基于四种神经网络模型优化出的转速试验结果进行评价。

8.5.2.1 BP 神经网络模型

对依据 BP 神经网络模型优化出的转速进行试验，其结果如图 8-7 所示。

图 8 – 7a 为交流伺服电机转速的调节过程，图 8 – 7b 为前后两次试验的磨损间隙对比图，图 8 – 7c 和图 8 – 7d 分别为前后两次试验的载荷对比和摩擦力对比。

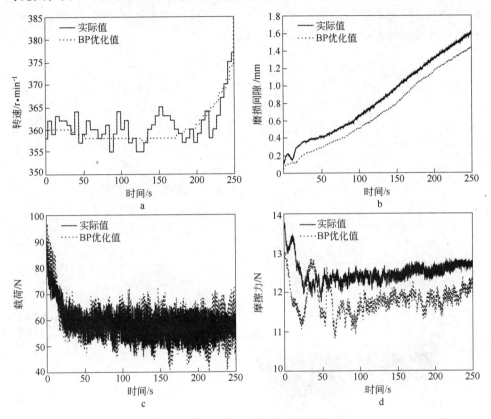

图 8 – 7　BP 神经网络模型试验结果

从图 8 – 7a 中可以看出，基于 BP 神经网络模型优化出的转速整体上小于实际转速，符合理论分析的转速需求变化情况。从图 8 – 7b 所示的磨损间隙曲线看出，BP 神经网络模型的试验结果明显小于实际值，这说明通过 BP 神经网络模型优化转速的调节能够降低对橡胶试样的磨损，延长橡胶的使用寿命。图 8 – 7c 中的载荷在试验过程中虽然有一定的波动，但波动范围仍然与实际值的波动范围相差不大。从图 8 – 7d 中也可以看出，经过 BP 神经网络模型的调速后金属环与橡胶试样之间的摩擦力有所降低。

8.5.2.2　RBF 神经网络模型

依据 RBF 神经网络模型优化出的转速进行试验的结果，如图 8 – 8 所示。图 8 – 8a 中，基于 RBF 神经网络模型优化出的转速与实际转速基本一致，存在转速调节超前的原因是由于采集数据的操作有些滞后造成的，并不影响转速调节的过程。从图8-8b中可以看出，RBF神经网络模型试验的磨损间隙曲线与实际值的曲线几乎重合，这说明了优化结果的调节相比于实际值来说变化不大。图8-8c和图8-8d中的载荷变化和摩擦力变化也说明了RBF神经网络模型优化转速的调节与实际转速的调节的效果基本一致。

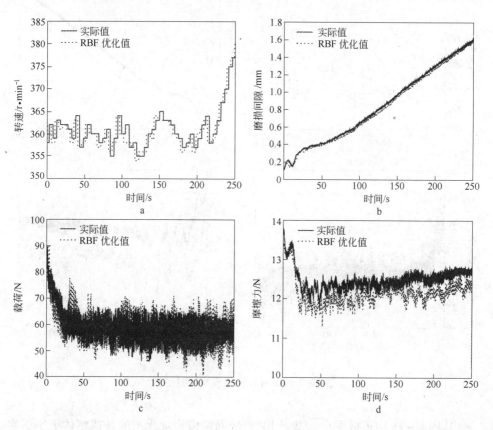

图8-8 RBF神经网络模型试验结果

8.5.2.3 Elman神经网络模型

依据Elman神经网络模型优化出的螺杆泵转速进行试验的结果，如图8-9所示。图8-9a所示的Elman神经网络模型优化出的转速的变化趋势与BP神经网络模型优化出的转速基本类似，同样是优化转速整体上略低于实际转速。但是图8-9b中的磨损间隙曲线却并不像BP神经网络模型的试验结果那样明显，这是由于在试验后期随着转速逐渐升高，且优化转速大于实际转速，造成了磨损间隙逐渐增大。同时，由于图8-9c中的载荷和图8-9d中的摩擦力波动过大，也说明了Elman神经网络模型的试验结果不如BP神经网络模型。

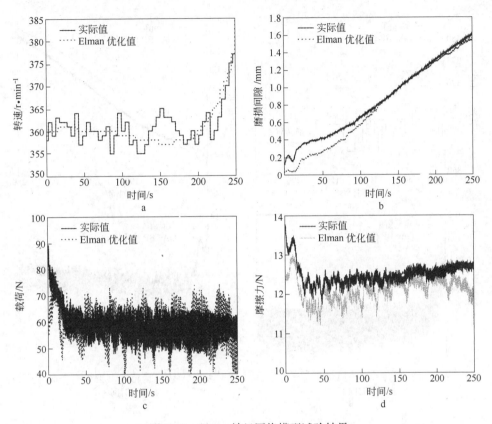

图 8 – 9   Elman 神经网络模型试验结果

8.5.2.4   基于遗传算法的神经网络模型（简称 GA – BP 神经网络）

依据 GA – BP 神经网络模型优化出的螺杆泵转速进行试验的结果，如图 8 – 10 所示。图 8 – 10a 所示的 GA – BP 神经网络模型优化出转速的变化不大，调节转速的次数仅为 3 次，可视为匀速调节。图 8 – 10b 中磨损间隙曲线略高于实际值的原因在于优化转速整体上大于实际值。从图 8 – 10c 和图 8 – 10d 可以看出，GA – BP 神经网络模型优化转速的调节使载荷和摩擦力的变化过于频繁，试验效果不如其他神经网络模型。

8.2.5.5   四种神经网络模型试验结果的比较分析

综上所述，采用定时间 – 变转速试验方案对四种不同的神经网络模型进行试验研究，经过比较分析可知：

（1）在单位时间内，采用 BP 神经网络模型优化的转速得到的试验结果优于其他神经网络模型；

（2）与变时间 – 变转速试验方案相比，同样验证了当神经网络模型的优化

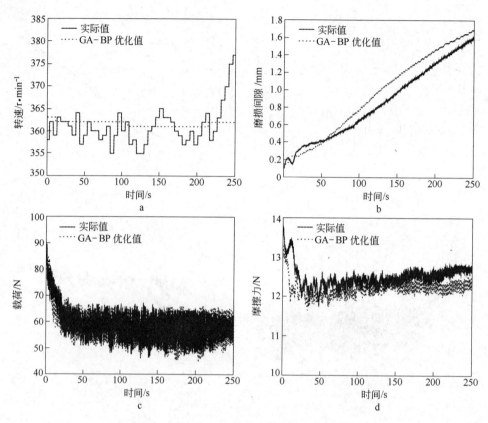

图 8-10　GA-BP 神经网络模型试验结果

转速整体上小于实际转速时，试验后得到的磨损间隙曲线一定小于实际值；

（3）在神经网络模型优化转速的调节过程中，若载荷和摩擦力的波动过大，那么磨损间隙曲线的变化就很难达到预期。

需要强调的是，和第 5 章转速优化模型转速预测效果（Elman 网络 < BP 网络 < 遗传神经网络 < RBF 网络）相比，可以看出转速测试磨损间隙的排队顺序与之完全不同，其原因在于磨损过程中主要考虑的是转速的大小。在摩擦学原理中，转速越高，通常材料的磨损也就越严重。因此这与在转速优化模型中预测效果的评定方法完全不同的。

冶金工业出版社部分图书推荐

书　名	作　者	定价(元)
CAXA2007 机械设计绘图实例教程	殷　宏　编著	32.00
采掘机械	李晓豁　沙永东　编著	36.00
工程机械概论	张　洪　贾志绚　主编	39.00
工程制图与 CAD	刘　树　主编	33.00
工程制图与 CAD 习题集	刘　树　主编	29.00
机械安装与维护	张树海　主编	22.00
机械工程测试与数据处理技术	平　鹏　编著	20.00
机械工程基础	韩淑敏　主编	29.00
机械工程控制基础	刘玉山　马苏常　主编	23.00
机械故障诊断基础	廖伯瑜　主编	25.80
机械设计基础	王春华　等主编	38.00
机械设计基础教程	康凤华　张　磊　主编	39.00
机械优化设计方法（第 3 版）	陈立周　主编	29.00
机械振动学（第 2 版）	闻邦椿　刘树英　张纯宇　编著	28.00
机械制图	阎　霞　主编	30.00
机械制图习题集	阎　霞　主编	29.00
起重与运输机械	纪　宏　主编	35.00
通用机械设备（第 2 版）	张庭祥　主编	26.00
现代机械设计方法（第 2 版）	臧　勇　主编	36.00
轧钢车间机械设备	潘惠勤　主编	32.00
轧钢机械（第 3 版）	邹家祥　主编	49.00